DIGITAL INTELLIGENT EQUIPMENT PATROL
POLICIES AND APPLICATIONS

数智巡检策略及应用

华 晔 俞鸿涛 华中生◎著

ZHEJIANG UNIVERSITY PRESS
浙江大学出版社
·杭州·

图书在版编目（CIP）数据

数智巡检策略及应用 / 华晔，俞鸿涛，华中生著
. —杭州：浙江大学出版社，2023.2
ISBN 978-7-308-23255-5

Ⅰ.①数… Ⅱ.①华… ②俞… ③华… Ⅲ.①数字技
术—应用—电气设备—巡回检测 Ⅳ.①TM92-39

中国版本图书馆 CIP 数据核字(2022)第 213636 号

数智巡检策略及应用

华　晔　俞鸿涛　华中生　著

策划编辑	吴伟伟	
责任编辑	陈思佳(chensijia_ruc@163.com)	
责任校对	沈巧华	
封面设计	雷建军	
出版发行	浙江大学出版社	
	（杭州市天目山路 148 号　邮政编码 310007)	
	（网址：http://www.zjupress.com)	
排　　版	杭州青翊图文设计有限公司	
印　　刷	广东虎彩云印刷有限公司绍兴分公司	
开　　本	710mm×1000mm　1/16	
印　　张	10.5	
字　　数	200 千	
版 印 次	2023 年 2 月第 1 版　2023 年 2 月第 1 次印刷	
书　　号	ISBN 978-7-308-23255-5	
定　　价	58.00 元	

前　言

设备的数智巡检,是在工业互联网背景下运作系统设备巡检和可靠性保障的一种新模式。目前,已有的数智巡检方法更多地侧重设备状态的监测技术(如传感器设计)、检测工具(如电网线路的巡检机器人)发展等方面,即侧重设备巡检的工具自动化和手段数字化方面。本书以电网设备巡检与管理为应用背景,在设备巡检数字化基础上的故障与故障隐患诊断决策的智能化策略和方法方面开展了一些探索,为运作系统设备的数智巡检这一生产服务的前沿领域的发展提供参考与支持。

本书的内容共七章,介绍了电网设备及其故障巡检特点、设备状态监测数字化引出的设备智能巡检的数据基础问题、传感器数据可用性评价与数据融合方法、基于在线学习的设备个性化故障动态诊断策略和基于数据的设备故障隐患识别问题。

第 1 章属于导论,其目的在于说明数智巡检的一般概念、特点及其相关策略,以智能电网的设备巡检为主要背景,总结数字环境下电力设备可靠性管理面临的挑战。第 2 章介绍电力设备的分类与常见故障类型,总结国内外设备巡检策略的发展历程,对比国内外现阶段设备巡检策略的发展现状,说明电力设备智能巡检和故障诊断研究中发展数智巡检策略的重要性与必要性。第 3 章以电力设备巡检数据为背景,介绍了物联网环境下设备数智巡检策略的数据基础,总结国内外电力设备在线监测与离线检测技术的发展现状,梳理各种设备监测技术所得数据的不同特征,为后续的数据评价与分析和基于数据的智能巡检策略的发展做数据基础方面的准备。第 4 章提出了一类设备运行状态在线监测数据可用性分析策略。该策略通过分析在线监测与带电检测的趋势一致性,评价在线监测数据的可靠性与设备监测装置的可用性;在此基础上,提出了设备运行状态在线与离线双源监测数据的融合校正方法,以为设备巡检的数字化与智能化提供较坚实的数据基础。第5章提出了一种基于在线学习的设备个性化故障动态诊断策略。该策略建立了监督式、非监督式故障诊断模型,通过两种模型组合决策的方式,解决设备故障案例不足问题,并为描述设备个性化运行特征对故障诊断决策的影响提供了可行的方案。第6章提出了一种基于时域特征的设备故障隐患的在线智能诊断策略。该策略综合利用设备各监测指标在复杂度、时频域等方面的变异情况,通过机器学习算法从故障特征中自动学习诊断的逻辑,实现设备故障隐患的智能诊断,属于故障发生之前的主动预防策略。第7章总结本书的研究成果,并展望未来进一步的研究方向。

本书的内容主要来自作者在数智巡检方面的长期研究。部分内容是作者对研究过程中所涉及文献内容的综述和归纳。浙江大学管理学院博士研究生周健参与了本书第4章内容的初稿编写,游雨暄参与了本书第6章内容的初稿编写,浙江大学管理学院与香港理工大学联合中心硕士研究生温丽娜参与了本书第2章内容的初稿编写,范逸文博士参与了部分数据的收集与分析工作。在本书的形成过程中,国家电网浙江电力科学研究院的多位专家(王文浩、郑一鸣、郑刚等)为本书的研究提供了电网设备专业管理方面的大力支持。本书涉及的有关研究工作得到了国家自然科学基金(71821002)、浙江大学一流学科支持项目和国家电网公司科学技术委托项目(SGZJ0000KXJS1800372)等项目的支持与资助,在此一并表示衷心感谢。

由于设备的数智巡检策略仍处在迅速发展中,撰写本书是一项新的尝试,因此,书中错误之处在所难免,敬请读者批评指正。

目　录

1 数智巡检策略引论

设备巡检是制造与服务系统设备管理的一项重要内容。对于制造系统(尤其是石化、化工等流程型制造系统)和基于设备的服务系统(例如智能电网系统、物流运输服务系统等)(以下统称为运作系统)而言,设备的稳定可靠运行是运作系统效率和产品与服务质量的基本保证。设备巡检通过对系统运行中设备状态及其所处环境的规律性检查,发现设备故障或者潜在故障,为设备的检修、维护提供决策依据,以便及时采取有效措施,保证设备的安全和系统运行的稳定。本章介绍数智巡检的一般概念、特点及其相关策略,以智能电网的设备巡检为主要背景,简述数字环境下电力设备可靠性管理面临的挑战,引出本书各章的主要内容及其相关逻辑。

1.1 数智巡检及其策略

数智巡检是运作系统设备巡检工作的数字化与智能化。在运作系统设备巡检领域中,这是工业互联网广泛应用背景下出现的一种新型生产服务模式。相对于传统的人工设备巡检,数智巡检主要依靠设备工作状态(包括工作环境)的传感器动态持续地自动测量设备的状态数据(即设备巡检的数字化),必要时辅助以人工巡查方式获取设备状态数据。对于获取的设备状态数据,数智巡检主要运用人工智能技术并结合设备的专业维修知识进行分析,给出对设备状态的诊断与设备维修建议(即设备巡检的智能化)。数字化是巡检智能化的基础与来源;智能化是巡检数字化发展的方向,是提高巡检质量和效率,及时、准确、全面地了解运作系统中设备的状态,将设备可靠性管理从当前与事后的故障处理改变为故障的事先预警和预防,从而制定出最佳的保养和维修方案的重要手段。

作为现代服务业(尤其是生产性服务业)发展的主要方向和目标之一,数智巡检相对于传统的设备巡检工作,可以实现运作系统设备巡检服务的如下四个方面的转变:

第一,从粗放转变为精准服务。传统的巡检服务往往在固定的时间间隔上对系统所有设备及其工作状况进行全面巡查;数智巡检可以针对可能发生故障且需要重点关注的设备开展有针对性的巡查与故障分析。

第二,从专业服务转变为个性化集成服务。设备巡检的一般功能是发现设备的异常状态;数智巡检可以实现设备故障的定时定位和原因分析,并将故障发现、设备维修保养、维修备件供应,乃至设备能力决策等集成起来进行决策与协调优化。

第三,从静态服务转变为动态持续性服务。静态服务是指根据当下的设备参数对设备是否处于故障状态或短期内是否即将进入故障状态进行判断;动态持续性服务是指持续监测设备的参数与状态,在对设备状态变化历史规律把握的基础上,对设备是否出现故障进行个性化决策或者未来何时将出现何种故障进行预判,还可以就避免未来可能发生的故障采取的针对性干预措施提出建议。

第四,从时空受限服务转变为跨时空服务。传统的巡检服务往往需要巡检人员亲临设备现场,因而是时空受限的服务;数智巡检基于传感器、控制器和工业互联网,可以实现针对设备状态的远程数据采集与监控,因而是跨时空服务。另外,历史的设备维修维护知识和其他运作系统的类似经验可以在数智巡检中得到适当应用,也是数智巡检跨时空服务的重要特征。

设备巡检智能化的研究与应用多年来已经有较多的探索。在电网输电线路及输电配电设备巡检方面,有关智能巡检的研究与实践比较丰富(李庆,2017;孟悦,2018)。输电线路是电力系统的重要组成部分,其定期巡检是保证系统安全运行的重要基础工作。输电线路通常的巡检方式包括人工巡检和航测法(李庆,2017)。其中,人工巡检是指人借助望远镜等设备进行观测。此方式费时费力,输电线路分布广泛,有的经过高山河流,不能轻易到达,而且还存在安全隐患,同时受气候条件、环境因素、人员素质和责任心等多方面因素的制约,巡检质量和到位率无法保证。航测法指借助直升机或无人机对架空高压输电线进行巡检,其巡检速度快。但为了保持飞机与导线、杆塔的安全距离,不能对线塔进行较近距离察看,且大雾、风雪等恶劣天气条件下无法进行巡检。直升机巡检需要作业人员取得相关飞行员驾驶证,且作业程序烦琐,导致运行成本高而难以推广。无人机巡检以高度智能化的无人微型直升机为载体,利用其自身携带的图像采集和热成像巡线设备沿电力线自主飞行进行巡检,可以实现自主导航。但无人机载荷有限,续航时间短,且一般不能观测线路下方损伤情况。

　　智能巡检装置(或机器人)的研究及其在输电线路定期巡检中的应用已经取得很多进展(李庆,2017)。这方面的研究主要侧重巡检装置的性能改善方面,如体积较大、结构复杂、行走笨重等问题,特别是大多数机器人装置为双臂结构,跨障时,两臂交替进行,因而装置对输电线的寻找与定位比较困难,而且单臂抓在导线上难以稳定,容易脱线。巡线机器人研究的重点在于设计新型巡检机器人,以提高电力设施巡检的效率和质量,实现设备巡检电子化、信息化和智能化,保证设施的安全和电力系统稳定。这方面的探索与实践包括:武汉大学吴功平教授团队联合广州理邦经济发展有限公司于2014年推出的高压巡线机器人,其具备垂直攀爬功能,重量不超过50千克,是日本和加拿大同类型机器人的一半,并集成了巡检设备;山东电力研究院消化LineScout的关键技术并于2014年与加拿大魁北克水电公司联合研制出的具备感应取电和异物清除功能的输电线路带电维护机器人,其已完成山东青岛500千伏崂阳线上2000米的巡视,巡检速度为0.5米/秒,能够跨越部分线路障碍(李庆,2017)。杨志淳等(2020)提出了物联网概念下面向巡检周期及路径综合优化的配电设备巡检策略,以实现巡检耗时最短和减少巡检工作量的目标。

　　除了电网系统的线路与设备之外,智能巡检在机械设备、化工设备和交通运输设备的巡检方面也有不少应用。在机械设备巡检方面,姚雪梅(2018)以轴承和齿轮为研究对象,采用振动信号的接触式测量和通过麦克风的非接触式测量收集声学信号的多源数据融合技术,对机械设备的故障状态进行诊断。化工设备巡检是为了维持生产设备的正常运行,使设备的隐患和缺陷能够得到及时发现,做到早预防和早处理。化工生产环境具有高温、高压、腐蚀性强、易燃、易爆和易中毒等特点。传统的人工设备巡检模式采用手工纸介质记录的工作方式,存在着人为因素多、管理成本高、容易造成遗漏、信息反馈不及时和无法监督巡检人员工作状态等缺陷。孙悦(2013)设计并实现了一个基于 RFID(radio frequency identification,无线射频识别) 技术的化工设备巡检系统,以适应化工生产环境的特殊性和较短的巡检周期要求,避免传统巡检模式的缺陷。

与上述智能巡检相比,本书侧重在运作系统设备检测数据获取基础上的设备巡检策略研究与应用方面,包括:①设备状态传感器数据的可靠性评价及其与其他来源的设备状态监测数据的融合策略;②基于非均衡小样本故障数据的智能自学习故障诊断策略;③基于时频域特征分析的非平稳故障识别策略等。

因此,本书内容相对于已有智能巡检研究的特点表现在:①本书侧重基于大数据的设备故障决策,而非设备监测技术、工具(如机器人)本身;②本书的方法可以应用于一般设备系统,而不仅仅针对专业设备、部件;③本书侧重动态系统决策与巡检策略,而非静态、局部决策;④本书侧重设备故障发生规律的个性化建模,而非一般大样本统计建模方面。

本书以智能电网系统的设备巡检为应用背景,通过应用上述智能巡检策略,说明这些策略的有效性。事实上,这些策略与方法可以拓展应用于机械设备、化工设备和交通运输设备的巡检管理,还可以推广应用到基于医疗设备监测数据的疾病诊断与预防。

1.2　智能电网中的设备巡检与管理

电力设备的安全稳定运行是电力系统正常运转的基础,是提高生产效率、满足社会发展需求的重要生产力保障。自第二次工业革命以来,电力设备可靠性管理始终是工业界与学界关注的重要课题,并形成了涉及设备设计、制造、巡检、维护整个生命周期的一系列理论和方法体系。这些理论和方法有效地降低了电力设备维护及故障停机造成的高额成本,为电力系统运行安全提供了保障。

近年来,随着我国产业升级与技术进步,设备可靠性管理有了许多新的技术和工具,例如:电力系统通过传感器实现设备性能实时监测;电力设备间借助工业互联网进行工作协调;维护人员利用便携式操作平台上传检修信息,分析设备运行状态等。这些新的技术和手段产生了海量的设备状态与环境数据,促进了传统电力设备管理向数字化和智能化方向转型升级,催生数智化设备可靠性管理新模式,推动全面感知、智能协同的智能电网全面建设发展。

智能电网的实时性、智能性、感知性及大数据特征给电力设备巡检与故障管理带来了前所未有的机遇和挑战,使得设备故障个性化在线诊断与预测成为可能。而如何从海量设备监测数据中挖掘有价值的故障特征信息并提供巡检决策支持,是近年来电力系统可靠性研究领域的关键问题。因此,大数据与智能电网时代背景下的数智巡检策略,是工业界与学界共同关注的热点与难点问题。

智能电网是将传感器技术、信息技术、通信技术、计算机技术、人工智能技术和原有的输、配电基础设施高度集成而形成的新型电网,它具有提高能源效率、减少对环境的影响、提高供电的安全性和可靠性、减少输电网的电能损耗等多个优点(王雷,2012)。不同于传统电网,智能电网在电网系统中安装大量监测传感器,实时在线监测电力设备状态,并通过开发和应用一系列可扩展的电网智能化高级应用软件,实现电网设备故障诊断等一系列高级应用功能,如电网安全稳定控制、电力设备故障诊断及电网调度智能决策等(周学斌,2020)。智能电网具备高度信息化和数字化的特点,具备双向流动的能量流和信息流,产生较以往数量庞大、类型多样、结构复杂、分布广泛、速度极快的大数据。电力数据在规模上从 GB/TB 级别上升至 PB/EB/ZB 级别,在类型上包含了结构化、半结构化及空间矢量数据,在速率上以"流"的形式存在,数据处理要求实时性(施超,2015),这给智能电网数据分析与处理能力带来了极大的挑战。

为从电网数据中获取更准确、更深刻的理解,近年来,大数据、人工智能、深度学习与数据可视化等分析方法在智能电网领域得到广泛应用,已成为智能电网数据分析的重要技术。这些技术通过深度神经网络、对抗生成网络等新一代模型从电网原始数据中自动提取和选择高层次特征表达,通过有监督式学习、无监督式学习及强化学习等方式学习和训练智能算法,根据智能电网获取的实时数据,为设备管控、维护优化等提供在线决策支持,以实现等同于人类专家甚至超过人类专家的性能(杨延东,2020)。目前,基于人工智能技术的数智管理方法在电力领域已取得众多进展,例如:借助传感器收集到的数据对设备状态进行实时监测分析,根据设备温度、湿度及电压、电流信号对设备故障进行在线智能诊断;结合图像识别与无人机技术构建设备智能巡检算法,实现机器人巡检和无人机巡检;基于智能电表数据识别用户用电负荷特征,实现电网发生故障时的精准负荷控制与智能切负荷等(张执超,2014)。这些新技术和方法极大提升了电网运行效率与智能化水平,提高了电力设备可靠性管理的智能性、实时性和科学性。

基于大数据、人工智能等新一代信息技术的数智巡检策略,通过物联网收集到的实时数据对电力设备状态进行在线监测、诊断和预测,与传统的基于模型和专家经验方法相比,具有动态、实时和成本低等突出优势,解决了传统方法面临的设备故障特征复杂、停电检测成本高等现实问题。然而,此类方法在电力设备管理实践中仍面临一些挑战。一方面,由于传感器本身的测量误差及外部噪声的干扰,设备在线数据可能具有较大的测量误差,由此得到的设备故障诊断和预测结果准确性偏低,无法准确识别设备故障;另一方面,受设备不同运行环境与工作负荷的影响,不同设备的故障形成过程通常具有一定的个体差异性,表现出个性化的故障特征。另外,还存在发挥数智巡检方法的优势以实现智能诊断面临的设备间个体差异、历史故障数据不足等问题。因此,当前已有的很多基于数据的诊断方法存在准确率偏低和故障错报、漏报的现象。在此背景下,本书集结了国家电网重点项目"基于大数据分析的变大设备运维与检修策略优化研究"等项目的部分研究成果,在分析大数据与智能电网环境下电力设备可靠性管理面临的机遇和挑战的基础上,提出了基于大数据分析的电力设备数智巡检策略,并在设备在线监测数据融合校正、设备个性化智能诊断及故障隐患识别等领域进行了深入的研究和应用。

1.3　电力设备数智巡检面临的挑战

我国电网企业从 2008 年开始开展了设备状态监测规模化工程实践,产生了海量设备状态和环境监测数据信息。在国内外现有智能运检与故障预警技术的支持下,这些数据和信息的初步应用提高了对电力设备状态的掌控能力,产生了一定的经济效益。但从设备缺陷与故障预警的结果来看,现有智能运检技术和预警方法普遍存在数据利用率低、预测准确性低等问题,这些问题与挑战突出表现在三个方面:

第一,在线数据误差偏高。由于传感器本身的测量误差及外部噪声的干扰,设备在线数据可能具有较大的测量误差,由此得到的设备故障诊断和预测结果准确性偏低,无法准确识别设备故障。

第二,历史故障数据不足。设备故障的发生通常是一个小概率事件,设备历史案例中故障案例的数量往往较少,基于数据的故障诊断方法难以提取完整的设备故障特征与故障模式,从而导致设备故障诊断决策与预测出现偏差。

第三,设备间个体差异较大。受设备不同运行环境与工作负荷的影响,不同设备的故障形成过程通常具有一定的个体差异性,表现出个性化的故障特征。当前基于数据方法主要通过提取设备历史案例的总体特征和故障模式进行诊断决策,无法满足设备个性化、动态化故障诊断需求。

受上述问题的影响,基于数据的智能巡检和故障诊断方法在实际应用中仍存在准确率偏低,故障错报、漏报的问题,对电网运行安全造成重要影响。《国网安全事故快报》指出,2016 年 6 月 18 日,陕西西安 330 千伏南郊变电站发生主变压器烧损事故,共计损失负荷 28 万千瓦,造成上万户用户停电。《联合早报》指出,2019 年 1 月 26 日,新加坡因变压器故障起火,中部多地停电,影响公众约 2.7 万人。为保证设备安全运行,需要深入研究缩小设备监测数据误差、提高故障判别精度的基于数据的模型和方法。这将支撑和发展数智巡检策略研究,推动设备可靠性管理理论的发展与现实应用。

针对上述设备巡检与故障诊断方法面临的新问题和挑战,本书在已有研究的基础上,以数智巡检策略及在线故障诊断为主线,采用"数据采集与可靠性评价→在线与离线数据融合校正→设备个性化故障诊断→设备故障隐患识别"这一研究逻辑,融合人工智能、运筹学与系统可靠性等方法理论,运用异步数据融合与处理、在线优化与组合决策等技术手段,研究大数据环境下电力设备数智巡检及故障诊断问题,主要研究内容如下。

研究内容 1:海量在线监测数据可靠性评价与融合校正方法研究

受传感器的传输误差与噪声的影响,基于数据的故障诊断方法通常面临设备在线数据可靠性不明确、误差偏高的问题。对此,本书对比分析了设备在线数据与现场测量数据(离线数据)间的数据结构、数据质量和监测成本的差异,从在线数据与离线数据趋势一致性评价的角度对在线数据可靠性进行研究。考虑到设备离线数据采样成本较高的问题,本书从在线数据与离线数据趋势关联性的角度,对设备在线与离线数据融合校正方法进行了研究,通过采集少量离线数据与在线数据融合的方式提高在线数据准确性,提高设备监测数据的实时性和准确性。

研究内容 2:基于个性化参数在线学习的冷启动故障诊断方法研究

在获取准确的设备数据的基础上,本书研究如何利用这些数据动态评价设备的健康状态,以及时发现设备故障。当前,基于数据的故障诊断方法在现实应用中往往面临设备历史故障案例不足的情况,发挥设备在线监测的优势以实现个性化诊断还面临设备间个体差异较大、难以提取设备个性化故障特征等问题,从而导致基于数据诊断方法的准确率偏低。针对这些问题,本书对基于数据的故障诊断方法进行了深入研究,探索解决故障案例不足问题的有效方法,研究设备故障诊断个性化决策模型,以提高故障诊断结果的准确性。

研究内容 3:结合时频域特征分析的故障隐患识别方法研究

电力设备故障隐患指具有隐蔽性、渐变性等特征的故障。由于故障隐患点不能直接被观测到,且设备在相当长一段时间内会继续运行,长时间未得到维修的话将导致故障程度加深,设备安全性不断下降,直至设备彻底损坏。另外,电网设备数量众多,分布分散,进一步加大了故障隐患识别的难度。针对这一问题,本书从分析设备电压、电流信号的时频域特征入手,研究不同设备故障隐患信号在时域和频域表现出的特征,并在此基础上开展设备故障隐患在线识别和诊断方法,确保电力设备的安全稳定运行。

　　本书聚焦于设备可靠性管理前沿理论,综合运筹学、统计学、系统科学与可靠性理论等多学科理论方法,重点对电力系统中电力设备数据采集、故障诊断与识别进行了系统性的研究,主要创新点表现在三个方面:①首创了在线监测与带电检测的随机时间序列关联分析模型,提出了设备在线监测数据趋势一致性评价技术,解决了设备海量在线监测数据可用性评价与数据融合矫正难题,为设备动态智能运检奠定了数据基础。②发明了基于个性化参数在线学习的冷启动故障诊断方法,掌握了设备故障对其寿命影响的动态特征和关联规律,提升了小样本条件下缺陷设备短期故障诊断的准确率。③针对设备故障隐患识别问题,提出了结合时频域特征分析的故障隐患识别方法,并将其应用在变压器绕组变形故障隐患诊断中,突破了变压器绕组变形远程在线诊断的技术瓶颈。这些理论与应用结果为实现设备在线诊断提供了依据,为设备可靠性管理理论拓展与实际应用提供了有力支持。

2　电力设备巡检策略及其发展过程

电力设备的安全运行不仅影响电力企业的经济效益,对社会经济中的生产生活安全也具有重要影响。伴随着我国经济实力的日益增强,大众生活质量正不断提高,其对电力的需求也进一步加大。电力设备长期处于高压电场中运行,受电磁振动、机械应力、化学作用、大气腐蚀、电腐蚀等综合因素的影响,其健康状态从长期的角度看总是存在退化和损坏的风险,因而影响电力系统供电和输配电的稳定性。电网公司如何保障设备运行安全、提升设备故障巡检效率、节约巡检成本是电网运营的重要问题。因此,研究电力设备常见故障类型,总结国内外电力设备的巡检策略,对比不同巡检策略对设备运行可靠性的影响,对支持设备可靠性管理理论的发展和应用具有至关重要的作用。

本章介绍电力设备的分类与常见故障类型,总结国内外设备巡检策略的发展历程,对比国内外现阶段设备巡检策略的发展状况,为本书后续电力设备智能巡检和故障诊断研究奠定基础。

2.1　电力设备分类及常见故障类型

电力设备指由发电、输电、变电、配电和用电等环节组成的电力生产流程所使用的各类设备系统。该系统将自然界的一次能源通过发电动力装置转化成电能,再经输电、变电和配电将电力供应到各用户。根据设备在电网系统中所起作用的不同,电力设备可以分为发电设备与输配电设备两种类型。发电设备指将自然界的热能、水能、风能与核能等能源转化为电能的动力装置,包括电站锅炉、蒸汽轮机、燃气轮机、水轮机、发电机等(孔嘉敏,2015);输配电设备指对供电系统产生的电力进行传输、调节电压等级、供应到各用户的线路和设备,包括不同电压等级的输电线路、变压器、断路器、互感器和接触器等(颜少伟,2015)。

2.1.1 设备故障类型

由于电力设备长期处于高压电场下运行,其运行状态经常受到电磁振动、机械应力和电腐蚀等因素影响,从而导致其功能出现退化、损耗甚至设备故障,影响电力的质量(李国强,2010)。

对于发电设备,常见故障类型包括线圈故障、电气故障、液压系统故障等(崔巍,2016)。

线圈故障:发电机线圈是电机在运行过程中使用最频繁、最重要的部件。发电机的长期使用通常会引起线圈老化、绝缘材料脱落等问题,进而出现转子线圈磨损、定子线圈在不断作业状态下温度升高等现象,影响电机正常运转。

电气故障:随着电气工程的不断发展,现代发电机中的电气部件的内部空间越来越小,部件结构愈加复杂,单个电气部件出现故障对整个电机运行具有重要影响,有时甚至会发生电机运转失灵的情况。发电机常见电气故障包括有线套管温度升高、内部动力轴承发生磁化反应、转子发生电流连接失准、磁回路发生偏移等,给发电机及其内部电气部件的检测维护带来了极大的挑战。

液压系统故障:在传统火力发电系统中,大型汽轮机作为主要工具得到了非常广泛的应用。液压系统作为汽轮发电机的重要部件对保障电机运行有重要作用,液压系统出现故障将使得发电机汽轮组发生功能停滞,进而影响整个电机体系的正常运转。常见的液压系统故障包括汽轮机系统中零部件损坏、汽轮机高压运行过程中出现控制油泄漏等。

对于输配电设备,常见故障类型主要包括变压器故障和断路器故障等(温丽娜,2021)。

变压器故障包括短路故障、绕组故障、绝缘故障和铁芯故障等。

短路故障:变压器的短路故障主要有相与相之间短路、内部绕组和引线对地短路、变压器出口短路三种类型。其中,变压器出口短路的发生概率在短路故障中位居第一,其对变压器影响非常大。如果变压器出口短路突然发生,相当于额定值数十倍的短路电流会同时通过高、低压绕组,产生的热量会使变压器严重发热。如果变压器热稳定性不足,短路电流的承受性低,则会损坏变压器的绝缘材料,造成变压器损坏或击穿事故的发生。变压器出口短路主要有四种类型,即三相短路、两相短路、两相接地短路、单相接地短路。

绕组故障:变压器绕组由带绝缘层的导线(绕组)按照有序的组合方式和方向,在绕线、整合、浸烘及套装后完成。绕组的紧固结构不仅减少了匝间距离和相位,还削弱了绝缘效果,导致局部加热严重,特别是在局部缺陷的存在范围内的绝缘效果变得更弱,降低其抵御过电压的能力(庞锴等,2020)。即便是较轻微的变形,如果不及时进行检修,在经历多次短路后,长期的受损积累也会导致变压器损毁。

绝缘故障:供电系统由电力变压器的绝缘材料组成绝缘系统来实现绝缘功能。变压器的使用寿命与绝缘材料的寿命直接相关。就变压器来说,一般情况下,变压器的故障都是绝缘故障,这种故障会影响整个电路系统的正常工作,导致整个电力系统瘫痪(刘畅和高振国,2019)。其中,影响变压器绝缘功能的主要因素包括油保护方式、湿度、温度、过电压等。另外,变压器的整体温度和变压器内绝缘油的微水含量成正比,电力变压器绕组的热点温度是衡量电力变压器热特性的重要指标(赵婉芳,2015)。变压器自身绝缘老化和运行状态等将导致内部潜伏故障率发生变化(Zhang et al.,2013)。

铁芯故障:交换和传递电磁能量的关键部件是变压器的铁芯。变压器的正常运行要求铁芯质量好且单点接地。变压器需要进行必要的接地处理,但是如果变压器内部铁芯具有较多的接地点,往往会导致变压器内部的铁芯局部温度提升(李志云,2019)。遇到这种情况,要第一时间处理。一旦错过最佳处理时间,变压器油将会劣化分解,产生可燃性气体,引起气体继电器动作,造成停电事故。据统计,铁芯问题引起的故障在变压器全部事故中发生的概率极高。

断路器故障包括绝缘故障、拒分故障、拒合故障、误合故障和误分故障等。

绝缘故障:绝缘故障包括相间绝缘闪络击穿,内、外绝缘对地闪络击穿,瓷套管、电容套管发生污闪、击穿、炸裂,雷电过电压击穿,还有绝缘拉杆闪络和电流互感器闪络、炸裂等。控制回路出现绝缘故障,会对断路器的正常稳定运行产生极大影响(高朝辉,2018)。发生内绝缘故障的直接原因是有异物。其可能是由于断路器安装不慎,也可能是在后期的运行中,剥落物落入本体,致使断路器内出现异物,引起本体内部发生放电。另外,触头或者屏蔽罩安装位置不正,运行时产生磨损,也会引起金属颗粒脱落,从而引起内部放电。瓷套与外绝缘闪络故障的原因可能是瓷套的外形大小不够标准,外绝缘泄露比距不符合规定,或者瓷套本身的质量存在缺陷。开关柜内的元件比较多,若某一元件存在质量缺陷,也可引起相间短路。

拒分故障:断路器拒分是电力系统运行期间较为普遍的问题,尽管行业技术水平逐步提高,但依然难以从根本上避免拒分问题。断路器发生此类故障将严重阻碍电力系统的正常运行,甚至引发安全事故(杨斌,2020)。在正常情况下,设备发生故障时断路器将可靠动作;若断路器拒绝动作,会导致电力设备跨级跳闸进而使电源断路器跳闸。这种情况一旦发生,将导致变配电所母线电压消失,最终导致大片区域停电。发生拒分故障的关键原因包括:①脱落的航空插针或者控制回路接线的地方发生了松动,造成分闸回路不通,使得分闸操作难以实现;②分闸电磁铁出现故障;③分闸电压过低;④分闸掣子和滚子存在不平整情况,大大增加了两处分离时的摩擦阻力,从而导致分闸机构拒绝动作但分闸电磁铁保持带电;⑤分闸掣子的转动轴和滚子清洁不当,导致积灰或油匮乏,造成转动难度加大,分闸机构拒绝动作但分闸电磁铁保持带电。

拒合故障:拒合故障一般发生在重合闸和合闸操作过程中。此种故障出现后的影响较大。可以想象,事故发生时如果备用电源急迫进入,而断路器拒绝合闸,必然会加重事故的不良影响。拒合故障原因包括:①不恰当的手车位置,仅当手车在试验,或者是在工作位置时合闸才会发生;②控制回路的接线松动或者航空插针脱落导致合闸回路不导通,难以实现合闸操作;③合闸电磁铁出现故障;④合闸电压过低;⑤合闸掣子和合闸滚子的摩擦长时间发生,摩擦力增大;⑥积攒灰尘、缺油等,导致转动困难。外界环境也会对拒合故障产生加速作用,一旦电路在正常运行过程中出现电流大小不稳定的情况,就会在一定程度上引起电路自动保护系统紊乱,使得整个装置的熔断装置出现异常(蓝扬政,2020)。

误合故障:若断路器出现自动合闸情况,则属误合故障。发生误合故障时要拉开断路器重试。误合的原因包括:①正、负两点接地发生在直流回路时,导致合闸控制回路接通;②自动重合闸的继电器内部分元件故障,接通控了制回路,导致断路器合闸;③合闸接触器线圈电阻小,导致启动电压低,使得直流系统出现瞬时脉冲,形成误合故障(邵光一,2020)。

误分故障:如果断路器自动跳闸而继电保护未动作,且在跳闸时系统无短路或其他异常现象,则说明断路器误分了(李乐熙,2013)。原因包括:①整定值和保护误动作不准确,也可能是由电压和电流互感器回路故障引起;②二次回路绝缘效果不好,两点接地发生在直流系统中,等同于继电的保护动作,由信号引起的跳闸反应导致直流正、负电源连接;③脱扣机构在跳闸时无法很好地保持;④螺杆定位调整不准确,造成在拐臂处的三点超标;⑤弹簧的弹力不足或者已经发生变形,滚轮毁坏;⑥滚轮与托架的接触受限或接触面积小,拖架坡度不正或者过大。

2.1.2 设备故障描述

设备故障的描述参数主要包括设备的固有故障率和修复率、设备的故障预警时间、设备无故障持续时间、设备间歇性停运时间、设备检修停运时间等指标(温丽娜,2021)。

2.1.2.1 设备的固有故障率和固有修复率

设备的固有故障率以及固有修复率是生产厂家、设备材质、生产质量等多种因素共同作用的结果。一般而言,设备做工越精细,其质量越好,设备的固有故障率越低,固有修复率也越高,但这类设备的购置成本相对高一些。设备的固有故障率以及固有修复率在出厂时由于误差的存在有一个范围值,厂家在质量检测时会根据历史操作经验或统计方法得到。设备的固有故障率属于设备的固有属性,不受外界环境、运检策略等因素的影响。如果不考虑运行环境、设备磨损、操作方式、检修维护等的影响,设备的固有故障率决定了设备无故障持续运行的时间,固有修复率决定了设备随机故障停运时间。设备的运行故障率是由设备运行状况引起的,受到运行环境、操作方式等多种外界因素影响。在多种外界因素共同作用下,设备不同的状态量受不同程度的影响,进而导致设备健康状态不同。电力设备故障率的影响因素如图 2-1 所示。

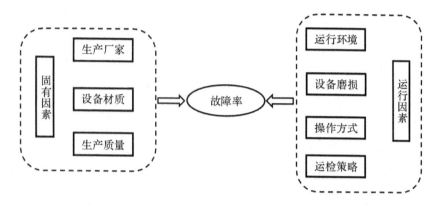

图 2-1　电力设备故障率的影响因素

当电力设备全寿命周期中只存在间歇性停运,不存在检修停运时,电力设备的全寿命周期运行状态的时间序列只由固有故障率和固有修复率决定。

2.1.2.2　设备的故障预警时间

通过化学试验检测,根据气体的浓度不同可以在电力设备发生故障前一段时间进行电力设备的故障预警,这一段时间被称为故障预警时间。一般而言,如果故障预警时间超过 365 天,可以认为设备处于故障劣化的初期,在未来一年没必要安排 D 类检修工作(温丽娜,2021)。相比于传统状态检修的周期性 D 类检修,采样次数减少了,设备的运维成本降低了。当然,这需要利用大数据技术对设备进行实时的监测。如果预警时间等于或小于 30 天,则需立即安排电力设备的 D 类检修以确定设备是否真的存在故障,并进行设备健康状态评估以安排检修工作。如果设备故障不在传统状态检修策略 D 类检修的时间点发生,则会导致设备突然发生故障,直接退役,并有可能带来极大的停电风险成本。相比于传统状态检修的周期性 D 类检修,基于大数据的状态检修策略通过预警时间这一指标为检修人员进行 D 类检修提供指导,避免了该修不修,规避了部分停电风险。

2.1.2.3　设备的无故障持续时间

设备的无故障持续时间指可修复设备相邻两次故障的间隔时间。无故障持续时间是衡量设备可靠性的指标,单位为小时。它反映了设备的质量,体现了设备在规定时间内保持功能的一种能力。设备的供电收入只在无故障持续时间中产生,同时也产生设备运行维护、设备运行损耗以及设备带电检测(D 类检修)等费用较低的成本。设备的无故障持续时间由固有故障率决定,可通过蒙特卡洛模拟得到。一般而言,设备全寿命周期的无故障持续时间之和(设备的所有可用时间)越大,设备全寿命周期产生的收入也就越多,进而设备全寿命周期实物资产效益值越高。

2.1.2.4　设备的间歇性停运时间

设备的间歇性停运时间是描述设备由间歇性停运状态转为工作状态时修理时间的平均值。设备的间歇性停运时间由固有修复率决定。

2.1.2.5　设备的故障持续时间

故障持续时间为电力设备发生故障后停运到电力设备故障修复成功运行的这一段时间。在不同的运检策略下,设备的一般故障和重大故障持续时间均相同。对于重大故障,需要安排 A(B)类检修,传统状态检修下停机时间一般为 7 天,这 7 天可能既有故障处置成本又有风险成本。其中,变压器风险成本主要由三部分组成:①变压器发生故障后,故障隔离、切除负荷等造成的停电经济风险成本;②当变压器发生故障造成安全事故时的人员安全风险成本;③变压器发生故障后,往往会导致变压器油泄漏、污染或有毒气体的释放,以及变压器故障起火等,会对周围环境造成污染,由此产生的变压器环境影响风险成本。即使基于数智巡检策略检修的停机时间也为 7 天,但因为可以提前预警,将电力设备由突发重大故障导致的非计划停运转变为计划停运,可以及时安排调度。基于大数据策略的计划停运无须切除负荷,而是由调度中心在拓扑图上重新安排各电力站的出力情况,确保电网安全,避免非计划停运带来的电网负荷损失,进而规避了电力设备的故障隔离、切除负荷等造成的停电带来的社会效益的损失风险成本,同时减少了部分经济效益(电网公司需支付的人员安全、环境维护成本等)的损失。

2.2 国内外设备巡检策略发展历程

随着我国经济的持续快速健康发展和人民生活质量的不断提高,电力需求也快速增长,用户对供电可靠性的要求也越来越高。因此,电力设备在经过一定时间的运行以后,必须进行检修,使设备恢复到健康状态(温丽娜,2021)。河北省电力公司 2013 年发布的《输变电设备状态检修导则》的总则提出:设备状态评价每年至少一次,对评价结果为注意、异常、重大异常或运行中出现异常的设备应及时进行跟踪评价。根据严重程度,故障可分为三类:重故障、一般故障以及正常状态。据故障严重程度和检修的工作性质,可将检修方式分为 A、B、C、D 四类检修(见表 2-1),分别与设备故障的严重程度相对应,其中,A、B、C 三类检修均是在设备出现故障时进行的停电检修,D 类检修是在设备处于正常工作状态下进行的试验性检查、维护,属于不停电检修。

如表 2-1 所示,A 类检修是设备的整体解体性检查、维修、更换及相关试验,主要包括吊罩、吊芯检查,本体油箱及内部部件的检查、改造、更换、维修,返厂检修等。

B 类检修是设备的局部性检修,即部件的解体检查、维修、更换及相关试验,主要包括套管或升高座、油枕、调压开关、冷却系统、非电量保护装置、绝缘油等油箱外部部件的更换处理,现场干燥处理等。

C 类检修是设备的常规性检查、维护和试验,主要包括停电维护和停电例行试验,以及防腐处理,防污闪处理,套管接头打磨、紧固,气体继电器定期校验和低压侧绝缘化处理等需要停电进行的清扫、检查和维修等。

D 类检修是设备在不停电状态下进行的带电测试、外观检查和维修,主要包括专业巡检,带电检测,带电水冲洗、更换硅胶、处理监测装置缺陷、防腐等带电维护保养,以及冷却系统部件、控制回路元器件等可带电进行的部件更换。

表 2-1　电力设备具体内容四类检修方式

项目	停电检修			不停电检修
	A 类检修	B 类检修	C 类检修	D 类检修
检修内容	设备的整体解体性检查、维修、更换及相关试验	设备的局部性检修	设备的常规性检查、维护和试验	在不停电状态下进行的带电测试、外观检查和维修
具体工作	主要包括吊罩、吊芯检查,本体油箱及内部部件的检查、改造、更换、维修,返厂检修等	主要包括套管或升高座、油枕、调压开关、冷却系统、非电量保护装置、绝缘油等油箱外部部件的更换处理,现场干燥处理等	主要包括停电维护和停电例行试验,维护工作以清扫、检查、维护为主,停电例行试验以电试验为主	主要包括不停电状态下的维护保养和带电测试工作,带电检测主要以带电局部放电测试、本体油样等化学试剂检测为主
检修时间	约 7 天	3～7 天	约 3 天	视检测等工作内容而定

　　检修是一个综合性的决策过程,基于大数据的运检策略区别于以往的故障后检修和定期检修方式,利用预防性实验、在线监测、历史记录以及同类设备家族缺陷等全过程数据资料,通过状态评价和最佳策略的选择等多种技术手段、经济手段来综合评价设备的当前状态,并预测事态的发展,从而制定设备检修计划,是一种动态优化的过程,如表 2-2 所示。与故障后检修和定期检修相比,基于大数据的运检策略可以节约大量的设备风险成本(包括切除负荷等造成的停电经济风险成本、故障导致安全事故时产生的人员安全风险成本、故障产生后变压器油泄漏和污染等导致的环境影响风险成本)和检修成本,使现有的运行设备创造更大的安全经济效益。

表 2-2　检修类别与相关信息

类别	典型案例	周期	是否需要停机
A、B	重大突发故障	10 年(历史数据)	停机
C	电气试验	3 年一次	停机
D	化学采样试验(油色谱试验)	传统策略:45 天一次;大数据策略:按需试验	不停机

2.2.1 国外电力设备巡检策略发展历程

国外电力相关设备的检修体制的演变过程大致经历了四个阶段,即事后检修(18世纪)、预防性定期检修(19世纪—20世纪30年代)、状态检修(20世纪80年代后)和改进型检修。世界各国采取的检修体制各不相同。美国推行的是生产检修体制,日本主要推行全员生产维修体制,欧洲大多数国家也正在进行向状态检修体制转变的改革。

以可靠性为中心的维修(reliability centered maintenance,RCM)首次应用于20世纪60年代末,起源于美国航空界对波音飞机的维修大纲,随后引起了美国军方的重视,美国国防部下达指令在美国陆、海、空三军装备上广泛应用和推广以可靠性为中心的维修。到80年代中期形成了应用的标准和规范。其比较权威的定义是John Moubray教授给出的,即"确定有形资产在其使用背景下维修需求的一种过程"。该检修理论是目前国际上比较流行的,用以确定设备预防性维修工作、优化维修制度的一种系统工程方法。RCM原是美国军队及工业部门制定军用装备和设备预防性维修大纲的首选方法,之后不仅仅在军事领域受到很高的重视,在商界也具有极其广泛的应用,90年代以后,逐渐在工业发达国家兴起,并应用于生产设备的维修管理。

20世纪70年代,日本结合英国设备综合工程学的研究成果,在美国预防性检修和生产检修体制的理论基础上,结合国情创造性地提出了全员生产维修体制(total productive maintenance,TPM)。日本设备工程协会对TPM下的定义为:"以提高设备综合使用效率为目标,建立以设备全寿命管理为对象的生产检修系统,确保设备寿命周期内节能、无公害、无污染、安全生产、质量可靠。TPM涉及设备的规划、使用和检修等全部部门,从企业最高领导到生产一线工人全体参加,开展以班组和小组为单位的自主活动推进的生产维修。"全员生产检修的基本思想是全效率、全系统和全员参加,简称为"三全"。其中:全效率的要求来自英国设备综合工程学,指的是要求设备在全生命周期中总费用最小以及综合效率最高;全系统是指从设备的设计、制造、安装、运行、检修、技术改造直至报废建立起系统的维修管理系统并且有有效的反馈机制,全系统管理也可以称为全过程管理;全员参加是该理论中最具特色的要点,是指所有与设备相关的部门(包括规划、设计、制造、使用、维护等)和有关人员全部统一协作。在这三者中,全效率是全员生产检修的终极目标。TPM管理工作在日本推广以来,发展迅速,效果显著。在日本,TPM的普及率已到65%左右,使很多企业的设备检修费用降低了50%,设备利用率提高50%左右,在国际上的影响也逐渐扩大,已有十多个国家引入、研究TPM的管理制度。

欧洲大多数国家也开展了设备检修体制的改革,方向是状态检修,但各自具有不同的特色。例如,英国核电方面在原子能机构下设有可靠性服务站,以从事诊断技术的研究,并起到国家故障数据中心的作用。该服务站负责研制的现代振动监测系统安装在大部分重要电厂机组上。

2.2.2 国内电力设备巡检策略发展历程

从1949年至今,我国的电力企业检修模式从统一的计划检修,先后演变为预防性定期检修、优化检修,并在条件成熟时逐步向状态检修过渡。总的来说,我国的电力设备巡检维修研究工作的发展大致可划分为四个阶段,如图2-2所示。

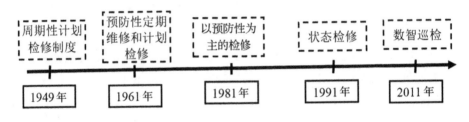

图 2-2 我国电力设备巡检策略发展历程

2.2.2.1 周期性计划检修制度(1949—1960年)

20世纪50年代初期,我国电力企业开始学习苏联的检修体制,引进了周期性计划检修制度,并在此基础上建立我国自己的设备管理体制,对促进我国的电力生产起到了十分积极的作用。周期性维修模式非常适合我国当时的国情,但是随着社会的发展以及国内电力生产环境的变化,加上检查手段和检查经验的不足,在实际中经常出现盲目计划维修,导致了检修冗余。

2.2.2.2 预防性定期维修和计划检修(1961—1980 年)

由于苏联和东欧国家中止了对我国的技术援助和相应的援建工作,我国必须转向独立发展。这 20 年中,我国提出设备检修应以预防性的定期维护模式和计划检修模式为主,根据实际的情况制定了检修间隔和检修原则,坚持质量第一,应修必修,修必修好。检修工作做到质量好、工效高、用料省、安全好,主要以恢复设备性能为主。

2.2.2.3 以预防性为主的检修(1981—1990 年)

我国改革开放的前 10 多年里,电力项目建设和发电技术上了一个非常大的台阶,完成了一次飞跃。至 1990 年底,我国火电装机容量和发电量均翻了一番以上,当时的发电机组及其附属设备的结构和性能已经非常接近国际水平,我国电网的运输能力也上了很大的一个台阶。电力设备的迅猛发展对于检修技术提出了更高的要求。通过不断地总结检修经验,尤其是高参数、大容量机组的检修经验,我国明确提出了现阶段电力设备检修采用以预防性为主的计划检修方式。但检修工作应从恢复设备性能过渡到改进设备性能,实现以技术进步为中心的改进型检修。

2.2.2.4 状态检修(1991—2010 年)

通过多年的努力,借鉴国外现代设备检修管理方面的先进经验,我国确定了以状态检修为设备检修的发展方向,并进行了试点工作,如大亚湾核电站、沙角 C 厂、镇海电厂等推行现代定检制。随着国民经济的持续快速发展,我国供电企业的电网规模不断扩大,设备数量增长较快,但由于减人增效的需要,检修人员数量增长不大,甚至出现了负增长。由于用户对电力可靠性的要求逐步提高,可容忍的停电检修时间和检修次数越来越少。另外,我国电力设备制造水平的提高也为改变检修模式创造了客观条件,我国供电企业以状态检修为突破口,开展了在电力设备检修管理工作上的研究和探索。

国家电网的各省公司按照国家电网公司的统一部署,相继开展了状态检修的建设工作。2009 年底前,所有省公司全部完成状态检修体制的建立,为规范开展好状态检修工作打下了坚实的基础。截至 2010 年底,国家电网公司系统除西藏公司外,30家省公司和国网运行公司以及所辖地市供电企业全部通过状态检修工作验收,输电设备状态检修工作全面推行。实施状态检修后,检修工作的针对性和有效性普遍提高。但是,总体上电网系统的状态检修工作开展还很不平衡,部分单位状态检修工作处于起步阶段,状态检修工作开展不规范,设备覆盖不全面,工作组织和技术保障不健全,状态检测手段不完善,设备状态信息收集和掌握不全面,状态失控导致的设备故障仍时有发生,状态检修工作还需要进一步深化。

2.2.2.5 数智巡检(2010年至今)

在大数据与工业互联网广泛应用背景下,数智巡检主要依靠设备工作状态(包括工作环境)的传感器动态持续地自动测量设备的状态数据(即设备巡检的数字化),必要时辅以人工巡查方式或者巡检机器人获取设备状态数据。对于获取的设备状态数据,数智巡检主要运用人工智能技术并结合设备的专业维修知识进行分析,基于多源复杂动态数据,给出设备状态的个性化诊断与动态智能维修建议。

2.3 电力设备故障智能诊断与预测方法研究现状

电力设备在长期工作运行当中常会出现部件腐蚀、老化,导致设备局部电流增大,运行中出现故障或异常等问题,造成巨额经济损失。电力设备故障诊断主要研究如何对设备故障进行判别、分离和定位,即评价设备是否处于故障状态,确定故障发生的时间和类型,定位故障发生的部位(周东华和胡艳艳,2009;俞鸿涛,2021)。

2.3.1 电力设备故障智能诊断方法研究

电力设备故障诊断方法整体上可以分为定性分析方法和定量分析方法两种类型(俞鸿涛,2021),具体分类情况如图2-3所示。其中,定量分析方法进一步包括统计分析方法和机器学习方法。

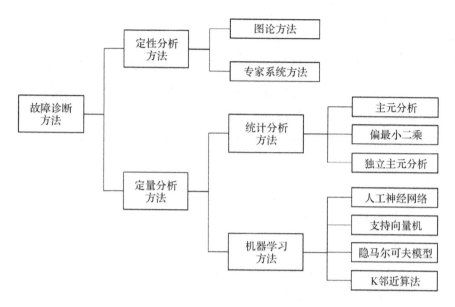

图 2-3 电力设备故障诊断方法分类

2.3.1.1 定性分析方法

定性分析方法依靠领域专家对电力设备部件结构与工作原理的相关认识，结合设备的工作情况与运行特征，对设备是否处于故障状态进行经验性判断。定性分析方法具有操作简单、应用范围广等优点，但此类方法具有一定的主观性，容易出现诊断误差偏大的问题。常用的定性分析方法主要包括图论方法、专家系统方法等。

图论方法是一种从领域专家知识经验抽象得来的，用图形化的形式描述设备状态、特殊事件与设备故障之间因果关系的故障诊断方法，如有向图模型、故障树模型等。其通常由多个节点相互连接的有向图构成，每个节点代表一种设备部件，节点间的连线代表不同部件异常与设备故障之间的因果关系。当设备运行出现异常时，维护人员根据有向图分析出现异常的设备部件，分析设备发生故障的原因。例如：刘娜等(2003)将图论方法引入电力设备故障诊断当中，以设备故障模式及影响因素分析为基础提出了故障树诊断模型；杨国旺等(2006)提出了一种能够定位电力系统中变压器设备故障位置的故障树诊断模型，并利用该模型对设备可靠性指标进行了优化，有效增加变压器设备无故障时间;Lu et al. (2018)提出了一种将故障树与模糊推理理论相组合的故障诊断方法,通过条件概率描述其与设备故障的因果关系,估计设备发生故障的概率。

专家系统方法利用领域专家在设备工作原理、故障特征等方面的知识经验建立知识库,将知识库中的设备知识抽象为故障决策规则,通过设计模拟人类专家根据这些规则评价设备健康状态的计算机程序实现故障诊断。例如:何跃英和江荣汉(1994)将专家系统与模糊数学应用到电力设备故障诊断当中,提出了一种基于模糊规则的电力设备故障诊断的专家系统;束洪春等(2002)利用粗糙集描述电力变压器监测数据与故障之间的不确定性关系,提出了一种基于粗糙集方法的电力变压器故障诊断专家系统。

2.3.1.2　定量分析方法

定量分析方法利用相关统计模型与机器学习方法,从设备的历史案例中提取设备故障特征或故障模式,通过对比待测试或待诊断设备的运行特征进行故障诊断。定量分析方法具有诊断结果实时、准确等优点,但此类方法容易受到设备历史案例数量的影响,当历史案例不足时准确率较低。定量分析方法主要有基于统计分析的故障诊断方法与基于机器学习的故障诊断方法两种类型。

基于统计分析的故障诊断方法利用特征降维技术将设备多维特征映射至低维空间(称为主元变量空间),根据主元变量的分布特征构建设备运行特征与正常特征偏离程度的统计量,利用待测试设备监测数据计算相应的统计量用于故障诊断。常用的特征降维方法包括主元分析方法(principle components analysis,PCA)、偏最小二乘方法(partialleast square,PLS)、独立主元分析方法(independent components analysis,ICA)等。

主元分析方法将设备多维特征空间分解为由主元特征构成的子空间与残差空间,通过计算待测设备在子空间或残差空间中的 T^2 统计量或 Q 统计量描述设备状态与正常状态的偏离程度用于故障诊断。例如:唐勇波和欧阳伟(2010)将主元分析应用到了电力变压器设备故障诊断当中,将 T^2 和 Q 统计量进行组合,提出了一种基于组合特征指标的电力设备故障诊断方法;董卓等(2012)提出了一种主元分析的电力设备故障诊断算法,该算法利用主元分析降低电力设备数据特征向量的维度,提高了算法的训练与测试精度;Malik and Mishra(2017)提出了一种基于主元分析的多变量过程监测与故障诊断方法,该方法将电力设备多维状态指标合成单一指标,综合不同指标的特征信息,对设备进行故障诊断。

偏最小二乘方法从设备多维特征中选取影响设备故障的关键特征引导变量进行空间分解,所得到的子空间只反映关键特征空间的变化情况,因此与主元分析相比具有更强的解释能力(周东华和胡艳艳,2009)。Kresta et al.(1991)最早将偏最小二乘方法应用于设备故障诊断问题当中,提出了一种针对多元状态监测的故障诊断方法;林土方等(2014)将偏最小二乘方法应用到电力变压器设备故障诊断当中,提出了一种基于偏最小二乘电力设备状态监测回归模型,利用设备电流信号进行故障诊断;陈彬等(2017)研究了电力变压器油中颗粒对设备安全性的影响,提出了描述电力变压器油中不同成分、不同颗粒与设备安全性之间关系的偏最小二乘预测模型,有效提高了设备故障诊断结果的准确性。

独立主元分析方法研究具有非正态分布的主元特征的变化特征,假设影响设备健康状态的主元特征相互独立,其他状态变量可以通过关键特征的线性加权得到。例如:石乐贤等(2010)提出了一种基于独立主元分析的电力设备局部故障诊断方法,该方法利用独立主元方法从设备混合信号中提取关键特征,有效减小故障诊断时延误差;唐勇波等(2014)考虑了服从非正态分布的设备特征,将主元分析方法与独立主元分析方法相组合,提出了一种组合故障诊断方法,提高了设备故障的判别精度。

基于机器学习的故障诊断方法利用人工智能与数据挖掘技术,从设备历史数据中识别设备故障模式,根据待测设备与故障模式匹配程度进行故障诊断。常用的机器学习方法包括支持向量机(support vector machine)、人工神经网络(artificial neural network,ANN)、K 邻近算法(K-nearest neighbor,KNN)与隐马尔可夫模型(hidden Markov model,HMM)等。

支持向量机模型将设备正常状态数据与故障数据投影至高维空间,探索能够将正常与故障数据分隔开的超平面,将其作为故障决策边界,对设备进行故障诊断。例如:吕干云等(2005)提出了利用支持向量机对电力设备运行数据进行特征分类,以实现电力设备故障识别;张小奇等(2006)提出了一种基于支持向量机的电力变压器油中溶解气体浓度的预测与故障诊断方法,解决了小样本条件下设备故障诊断问题；Namdari and Jazayeri-Rad(2014)提出了利用遗传算法对支持向量机模型进行参数优化，提高了支持向量机诊断结果的准确性。

人工神经网络模型是一种由大量人工神经元相互连接组成的运算模型，它通过模拟人脑神经元的工作模式描述网络输入与输出的复杂对应关系。在故障诊断应用中，人工神经网络的输入为设备监测数据，输出为设备健康状态。设备监测数据通过各层结构的非线性加权转化为设备故障诊断结果。例如：Zhang et al.(1996)将人工神经网络引入电力设备故障诊断，提出了一种基于神经网络的故障诊断方法，该方法收集电力设备历史数据并对神经网络模型进行训练，根据训练得到的神经网络判断设备是否处于故障状态；Dong et al.(2008)考虑设备历史数据不足问题，提出了利用重抽样方法获取更多的设备历史数据，通过抽样得到的设备数据训练人工神经网络，提高设备故障诊断的准确率；Tripathy(2010)提出了一种将主元分析方法与神经网络相组合的电力设备诊断模型，该模型首先利用主元分析提取设备关键性能指标，然后利用关键指标的观测数据训练神经网络，通过训练得到的神经网络进行故障诊断。

K邻近算法利用相似性评价方法，从设备正常案例和故障案例中选取与待测设备数据相似性最高的 K 个案例，通过比较选取案例中的正常与故障案例数量评价设备健康状态。例如：Liu et al.(2013)提出了一种基于 K 邻近算法的电力设备故障诊断方法，该方法利用样本空间的欧式距离描述待测设备与历史案例之间的相似性，综合不同案例的评价结果进行诊断决策；Zhou et al.(2014)研究如何根据 K 邻近算法选取的相似案例寻找造成故障的关键变量，提出了一种基于 K 邻近算法的故障隔离方法；Lou et al.(2019)考虑了现实中电力设备案例数据中存在的数据缺失问题，利用数据插值方法对缺失值进行填补并通过 K 邻近算法推送相似案例，提出了一种针对数据缺失问题的故障诊断方法。

隐马尔可夫模型是一种由含有多个隐状态的马尔可夫链所组成的统计模型，该模型将设备由正常状态发展到故障状态的过程分解为多个无法直接观测的隐状态，每个隐状态下设备监测数据具有不同的概率分布。模型通过隐状态间的转移概率描述设备由正常发展到故障状态的动态特征，根据设备监测数据估计其处于不同隐状态的概率用于故障诊断(Hua et al.,2018)。例如:Sotiropoulos et al.(2007)提出了一种基于隐马尔可夫模型的电力设备故障诊断方法,该方法通过隐马尔可夫模型中的隐状态描述设备从正常状态发展至故障状态过程中的多个阶段,通过计算待测设备的监测数据在不同隐状态下的似然度评价设备健康状态;Jazebi et al.(2008)针对电力设备复杂故障特征问题,提出了一种将小波分析与隐马尔可夫模型相结合的故障诊断方法,该方法首先利用小波分解方法提取设备数据特征向量,然后利用隐马尔可夫模型进行故障模式识别,以此为基础进行故障诊断。Hua et al.(2018)将电力设备油色谱分析技术与隐马尔可夫模型相组合,首先利用油色谱分析提取设备监测数据的特征向量,然后利用提取的特征向量对隐马尔可夫模型进行训练,根据训练结果评价设备在不同隐状态下的概率。

除上述几种常用机器学习方法外,粒子群算法(Tao and Xiao,2009)、模糊系统(Dhote and Helonde,2013)、随机森林(Kartojo et al.,2019)等方法也在电力设备故障诊断领域得到了成功的应用。现有故障诊断方法主要依靠设备历史案例提取故障特征建立诊断模型,当历史故障案例不足时容易产生诊断决策偏差。一些研究利用设备正常案例建立诊断模型,根据待测设备与正常案例偏离程度进行故障决策的诊断。然而,这类方法忽视了存在于少量故障案例中的故障特征,存在信息损失问题,需要进一步研究缺乏历史故障案例条件下设备故障诊断方法。

2.3.2 电力设备故障智能预测方法研究

设备故障预测是指利用有效的科学模型,通过对设备历史运行数据的分析,预测设备未来的健康状态变化趋势,估计设备故障发生时间及剩余工作寿命。近年来,随着国内外对电力设备可靠性管理的日益重视,电力设备故障预测技术和方法已成为设备可靠性管理领域的重点研究内容(俞鸿涛,2021)。电力设备故障预测方法整体上可以分为基于模型的故障预测与基于数据的故障预测两种类型,具体分类情况如图2-4所示。

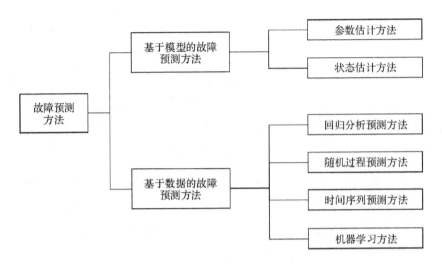

图 2-4 电力设备故障预测方法分类

2.3.2.1 基于模型的故障预测方法

基于模型的故障预测方法依靠领域专家对电力设备结构与运行原理的专业认识建立数学模型,描述设备由正常状态发展至故障状态的过程和趋势,并利用设备监测数据验证拟定出准确的模型参数。基于模型的故障预测方法可以分为两种类型:参数估计方法和状态估计方法。

参数估计方法根据领域专家对电力设备发生故障过程的专业认识确定故障预测模型的函数形式,利用设备历史数据或仿真数据对模型进行参数估计,将待测设备的在线数据代入预测模型,得到故障预测结果。例如:Chandrasena et al.(2006)根据电气领域相关知识提出了一种针对电力设备发生故障过程的仿真模型,模拟生成电力设备在不同健康状态下的仿真数据,根据仿真数据确定设备故障特征并建立预测模型;Li et al.(2007)根据电力变压器油中溶解气体变化的相关经验和规律建立预测模型,将传统的气体浓度分析应用到故障预测当中,预测变压器设备未来发生故障的时间。

状态估计方法依靠滤波器方法从设备噪声数据中估计设备状态,预测设备发展至故障状态所需时间。常用的滤波器包括卡尔曼滤波器、拓展卡尔曼滤波器、粒子滤波器等。例如:Murty et al.(1990)利用卡尔曼滤波器描述电力设备发生故障的过程,提出了基于卡尔曼滤波器的设备故障预测方法;Naseri et al.(2017)考虑了设备特征服从非正态分布的情况,利用拓展卡尔曼滤波器从系统输入中识别设备状态,预测设备剩余工作寿命;Li et al.(2018)考虑系统输入服从复杂分布的情况,利用粒子滤波器预测设备状态及剩余寿命,并根据设备在线数据对估计结果进行更新和调整,提高了故障预测准确率。

基于模型的故障预测方法的优势在于可以借助设备运行原理和领域专家的知识不断优化完善模型,得到符合领域规则和经验的故障预测结果。然而,随着工业技术的革新和发展,电力设备内部结构逐渐向灰箱甚至黑箱系统演变,维护人员通常难以了解设备完整的运行原理,无法建立高精度的故障预测模型,这对基于模型的故障预测方法的实际应用造成了较大的困难。

2.3.2.2　基于数据的故障预测方法

基于数据的故障预测方法利用相关统计学与机器学习模型,从电力设备由正常状态发展至故障状态的过程数据中提取设备特征,分析设备健康状态的变化趋势,预测设备发展至故障状态所需时间。当前,已有大量文献对基于数据的故障预测方法进行了研究,根据使用的预测模型不同,这些方法可以分为四种:回归分析预测方法、随机过程预测方法、时间序列预测方法与机器学习方法。

回归分析预测方法以时间为自变量,以设备健康状态为因变量建立回归模型,估计设备到达故障阈值所需时间。例如,Lu and Meeker(1993)提出了一种基于混合效应模型的故障预测方法,该方法用指数函数形式描述设备特征随时间的发展轨迹,并在预测模型中分别设置固定效应与随机效应系数,分别描述设备总体特征与个体特征对故障预测的影响。在此基础上,Gebraeel et al.(2005)、Yu and Fuh(2010)、Son et al.(2013)和Lin et al.(2018)对混合效应模型进行了拓展优化,包括引入贝叶斯方法对预测结果进行实时更新(Gebraeel et al.,2005)、加入随机故障阈值提高预测精度(Yu and Fuh,2010;Son et al.,2013)、引入合作学习机制处理具有复杂分布特征的设备状态指标(Lin et al.,2017)等。

随机过程预测方法利用随机过程模型描述设备由正常至故障状态的发展过程,结合设备监测数据与故障阈值估计设备剩余工作寿命的概率分布。现有研究中常用的随机过程模型包括维纳过程模型(Chiodo et al.,2016)、伽马过程模型(Lawless and Crowder,2004)以及马尔科夫过程模型(Zaidi et al.,2010;Wang et al.,2018;Li et al.,2018)等。例如:Wang et al.(2018)提出了一种基于马尔可夫过程模型的电力设备故障预测方法,该方法通过马尔可夫过程描述设备从正常至故障的发展过程,利用设备历史数据估计模型状态参数,以此为基础进行故障预测;Li et al. (2018)将数据挖掘方法与马尔可夫模型进行组合,利用数据关联算法提取马尔可夫模型状态参数与设备运行状态之间的关联规则,根据提取的关联规则预测未来发生故障的时间。

时间序列预测方法对电力设备历史运行数据的时序特征进行分析,推测设备数据未来变化趋势,估计设备未来发生故障的时间。Zheng et al. (2011)提出了一种基于自回归模型的电力设备故障预测方法,该方法收集设备历史运行数据并预测未来设备运行状况,结合事先设置的故障阈值确定设备发生故障的时间;Pham and Yang(2010)结合了自回归滑动平均模型和自回归条件异方差模型,以预测设备健康状态;龙凤等(2011)提出了一种基于粒子滤波与自回归模型的故障预测方法,该方法首先利用粒子滤波方法对设备状态的概率密度函数进行估计,给出设备当前发生故障的概率,然后利用自回归模型预测未来发生故障的时间,估计设备剩余工作寿命。

机器学习方法利用人工智能与数据挖掘技术从电力设备历史数据中提取设备故障特征,分析设备健康状态变化趋势,预测未来发生故障时间。常用机器学习方法包括支持向量机模型(Zhang et al. ,2017)、粒子群算法(Illias et al. ,2015)、人工神经网络模型(Yu et al. ,2016;Song et al. ,2018;Yang et al. ,2019)等。例如:Zhang et al. (2017)提出了一种基于支持向量机模型的电力设备故障预测方法,该方法利用电力变压器油中溶解气体产生的多维时间序列训练支持向量机模型,将待测设备溶解气体数据代入训练后模型,得到故障时间预测结果;Yu et al. (2016)提出了一种基于循环人工神经网络的电力设备故障预测方法,该方法通过电力设备由正常至故障的全生命周期数据训练循环神经网络模型,利用训练得到的神经网络预测设备运行数据未来变化趋势,结合故障阈值预测设备未来发生故障时间。

基于数据的故障预测方法利用数理统计和机器学习等前沿方法,从电力设备历史运行数据中提取出设备发生故障过程的关键特征,建立预测模型,在处理复杂系统的故障预测方面与基于模型的方法相比更具优势。然而,此类方法容易受到设备历史案例数量及数据测量误差的影响,当设备历史案例不足或数据测量误差偏大时,模型的预测精度偏低。

3　数智巡检策略的数据基础

近年来,伴随着物联网、人工智能技术的飞速发展和快速推广应用,很多制造与服务系统(如电力系统等)已经进入数字化与智能化新时代。物联网等智能感知技术的普及为电力设备可靠性管理带来了许多新的工具和手段,电力设备通过监测传感器实现运行状态实时远程监测,借助工业互联网实现维护检测资源共享,以及机器人自动巡检等。这些新的工具和方法产生了海量的设备监测数据。如何从这些数据中挖掘设备故障特征,实现数字化、智能化的设备管控,已成为当前工业界与学术界重要的研究课题。

本章以电力设备巡检数据为背景,介绍物联网环境下设备数智巡检策略的数据基础,总结电力设备在线监测与离线检测技术的发展及国内外现状,梳理总结各种监测技术所得数据的不同特征。

3.1　传感器与设备在线监测数据

随着社会经济发展对电力资源需求的不断增加,电网规模不断扩大,电力系统对设备可靠性管理及技术水平要求也日益提高,尤其是对电力设备运行状态在线监测、故障实时诊断技术的需求日益增强。自 20 世纪 90 年代开始,国内外先后研制出了涵盖电路保护、站内监控在内的自动化管控平台,取代了传统的人工测量系统。这些平台的发展与应用使得设备各种监测指标能够实时准确地进行测量,把设备管控的智能化提升到了一个新的水平,极大地提升了调度中心对电力设备的实时远程管控能力。近年来,随着计算机及传感器技术的飞速发展,我国电力设备可靠性管理发生着深刻的变化,由新一代物联网技术产生的海量数据已成为重要的数字资源。由此引出的重大课题是:如何有效利用这些海量的数据资源,改善现有电力系统监控,帮助维护人员提高对设备状态的判断和处理能力?为此,我们需要了解有哪些可用的数据资源,以及这些数据资源有哪些特征。

国外电力设备状态在线监测技术起始于 20 世纪 50 年代,相关学者及研究机构提出了一系列电力设备监测装置与在线检测方法(Booth and Mcdonald, 1998;Basak,1999)。50 年代初期,美国西屋公司针对发电机设备由内部故障导致损坏的现象,研制出了在发电机运行条件下能够监测其内部放电的监视器,提高了设备可靠性管理水平。60 年代,美国率先开发电力设备在线监测技术,成立了大量研究机构并定期召开学术交流会议。70 年代,苏联、加拿大、日本等国家开始发展设备的在线监测技术,并迅速取得成功。其中,日本于 70 年代末期研制出变压器油中溶解气体监测装置,并于 80 年代成功研制出变压器设备局部放电在线监测装置(胡文平,2005)。我国电力设备在线监测技术起始于 80 年代,此后得到了迅速发展(聂鹏等,2000;林渡等,2001)。各大研究所相继研制出针对不同设备、不同类型的在线监测装置,如针对解决电容性设备介质损耗、三相不平衡电流等问题的电容设备在线监测装置,针对解决变压器设备局部放电问题的在线监测系统等。80 年代中期,国家在"七五"和"八五"建设计划中,重点加入了大型汽轮发电机故障在线监测系统、电力设备运行局部放电数字化监测等攻关项目。随后,国家也先后将在线局部放电抗干扰、大电机绝缘在线监测技术的研究等列入重大科技项目,标志着我国的电力设备在线监测技术进入全速发展时期(胡文平,2005)。

当前,电力设备在线监测系统已广泛应用于电网设备状态智能检测领域,并形成了针对不同设备状态指标和数据类型的多种设备检测技术。根据数据采集方法的不同,当前电力设备状态在线监测技术主要包括红外在线测温技术、油色谱在线监测技术、基于音频识别的在线监测技术、基于图像识别的在线监测技术等。

3.1.1 红外在线测温技术

电力设备故障通常会引起局部温度升高,导致设备过热,引发电力安全隐患。例如:电力设备绝缘材料劣化会引起绝缘介质损耗,使得设备在正常工作条件下出现过热情况;具有电磁回路的设备漏磁会导致设备铁芯损耗,引起设备铁芯局部电流环流与涡流发热(贡梓童,2018);设备导流回路连接存在故障会导致设备电阻增大,进而产生局部过热等情况。

红外在线测温技术通过红外仪器监测设备运行过程中释放的红外辐射能量来确定设备温度,并将所收集到的红外信号转化为电信号传输到远程监测系统中,从而实现设备状态在线监测。由于设备故障发生的位置、类型及严重程度不同,设备表面温度的分布状态、温度数值也有所不同。依据此原理,通过对红外仪器收集到的数据进行分析处理,可以得到设备的故障类型及属性,从而对设备故障发生的位置及严重程度做出定量判断(马俊杰,2020)。依据国家能源局2016年发布的《带电设备红外诊断应用规范》(DL/T 664—2016),现阶段电力设备红外缺陷判定方法主要包括以下几种。

表面温度判别法:根据测得的设备表面温度值,结合设备实际运行环境气候条件和设备的实际电流、正常运行中可能产生的最大电流以及设备的额定电流进行分析判断。

相对温差判别法:对比两台设备状况(型号、安装地点、环境温度等)相同或基本相同的电力设备温度监测点的温度差,根据其中较热的设备监测点温度上升值的百分比判断设备是否存在过热故障。

图像特征判断法:根据同类设备的正常状态和异常状态的热像图,判断设备是否正常。注意应尽量排除各种干扰因素对热像图的影响,必要时结合电气试验或化学分析的结果进行综合判断。

同类比较判断法:根据同类设备相同部位的表面温度,进行比较判断。对于电流制热型故障,首先采用表面温度判别法进行判断,若无法判断设备故障类型,再使用相对温差判别法,最后使用同类比较判断法;对于电压制热型故障,采用图像特征判断法进行判别。

综合分析方法:当电力设备故障由多种因素引起时,根据运行电流大小、发热位置和热图像特征,结合上述几种方法进行综合对比分析。

实时分析判断法:在一段时间内让红外热像仪连续监测一被测设备,观察、记录设备温度随负载、时间等因素的变化,并进行实时分析判断。

与传统离线监测技术相比,红外在线测温技术具有下列多种独特的优势。首先,红外在线测温技术通过辐射监测电力设备运行状态信息,能够做到不接触、不停运、不进行设备解体,无须与设备进行直接接触,在设备不断电的情况下获取设备真实信息,延长设备使用寿命,保证设备与运维人员安全,显著降低运维费用。其次,红外在线测温技术穿透能力强,作用距离远,能够在恶劣环境(如雾霾、浓烟等)下正常工作,识别几千米以外的被测目标。同时能够保证全天候持续工作,实时测量目标温度,可持续工作能力强。红外在线测温技术利用红外线实现热成像,具有能够不受电磁干扰的优点,这一特点在电磁情况复杂多变的变电站中是一个巨大的优势,能够实现在复杂电磁环境下对电力设备进行有效的状态监测。最后,红外在线测温技术装置输出的热力图像具有直观且准确度高的优势,无须特殊分析处理即可得到直观的测量结果(马俊杰,2020)。

3.1.2　油色谱在线监测技术

油色谱在线监测技术主要应用于变压器设备故障监测领域。电力变压器设备大多采用油浸式结构,即利用绝缘油来对设备进行散热。当变压器发生热性或电性故障时,绝缘油受电或热力影响将产生化学反应裂解,产生氢气(H_2)、甲烷(CH_4)、乙烷(C_2H_6)、乙烯(C_2H_4)、乙炔(C_2H_2)、一氧化碳(CO)、二氧化碳(CO_2)和一系列烃类气体,并溶解到绝缘油中,即油中溶解气体。变压器设备故障类型、严重程度不同,其所产生的油中溶解气体浓度也有所不同,因此变压器油中溶解气体浓度能够作为设备故障的指示量,帮助运维人员对设备运行状态进行判断,实现科学化设备故障管理。

国家能源局于 2014 年 10 月 15 日发布《变压器油中溶解气体分析和判断导则》(GL/T 722—2014),将变压器设备不同故障类型及所产生的油中溶解特征气体进行了归纳总结,如表 3-1 所示。

表 3-1　变压器故障类型及产生的油中溶解气体

故障类型	主要特征气体	次要特征气体
油过热	CH_4、C_2H_4	H_2、C_2H_6
油过热和纸过热	CH_4、C_2H_4、CO	H_2、C_2H_6、CO_2
油纸绝缘中局部放电	H_2、CH_4、CO	C_2H_4、C_2H_6、C_2H_2
油中火花放电	H_2、C_2H_2	
油中电弧	H_2、C_2H_2、C_2H_4	CH_4、C_2H_6
油和纸中电弧	H_2、C_2H_2、C_2H_4、CO	CH_4、C_2H_6、CO_2

　　近年来,电力设备相关科研机构及企业研发了变压器油色谱在线监测装置,用于对变压器油中溶解气体进行实时、准确的监测。此类装置避免了传统人工采样方法在采样、送样、分析、判断过程中设备油溶解气体的离散,在监测周期、采样成本、动态实时性等方面远优于传统离线监测,能够快速判断出设备故障并给予警示。

　　基于变压器油中溶解气体数据的故障诊断方法主要依靠设备绝缘油中溶解气浓度进行故障识别,根据国家质量监督检验检疫总局于 2001 年颁布的《变压器油中溶解气体分析和判断导则》(GL/T 722—2014),220 千伏变压器油中溶解气体浓度注意值分别为:总烃 150μL/L;乙炔 1μL/L;氢气 150μL/L。单位符号 μL/L 表示微升每升,用于描述单位体积的绝缘油内溶解气体体积浓度值。开放式变压器产气速率注意为:总烃 6mL/d;乙炔 0.1mL/d;氢气 5mL/d;一氧化碳 50mL/d;二氧化碳 100mL/d。单位符号表示毫升(mL)每天(d),用于描述单位时间内变压器油中溶解气体产生速率。在投运设备故障判别中,当变压器各项溶解气体浓度低于注意值,且产气绝对速率低于规定值时,则变压器无故障;当各项溶解气体浓度高于注意值,或产气绝对速率高于规定值时,则变压器有故障,应立即采取必要的检修措施。

　　同时,根据变压器设备油中各种溶解气体的相对含量,运维人员可以判断出变压器设备的具体故障类型。随着变压器故障点温度升高,变压器油裂解产生气体按甲烷(CH_4)、乙烷(C_2H_6)、乙烯(C_2H_4)、乙炔(C_2H_2)顺序先后产生。基于上述观点,研究者总结提出以 C_2H_4/C_2H_6、CH_4/H_2、C_2H_2/C_2H_4、C_2H_6/CH_4 等比值反映变压器设备故障类型的判断方法,如三比值法、四比值法等。

三比值法是变压器设备故障类型判别的主要方法之一,该方法根据变压器油中溶解气体含量与温度的对应关系,从氢气(H_2)、甲烷(CH_4)、乙烷(C_2H_6)、乙烯(C_2H_4)、乙炔(C_2H_2)、一氧化碳(CO)、二氧化碳(CO_2)等特征气体中选取两种扩散系数和溶解浓度相近的气体组成三个比值 CH_4/H_2、C_2H_4/C_2H_6、C_2H_2/C_2H_4,以不同编码表示,依据编码对应的故障类型分类表格判断设备故障性质(张勇,2014)。三比值法编码及故障类型判别明细如表 3-2 与表 3-3 所示。

表 3-2　三比值法编码

特征气体的比值	编码		
	C_2H_2/C_2H_4	CH_4/H_2	C_2H_4/C_2H_6
<0.1	0	1	0
$0.1\sim1$	0	1	1
$1\sim3$	0	1	2
>3	1	3	1

表 3-3　三比值法故障类型判别明细

编码组合			故障类型判断	故障实例
C_2H_2/C_2H_4	CH_4/H_2	C_2H_4/C_2H_6		
0	0	1	低温过热(<150℃)	绝缘导线过热,应关注 CO 和 CO_2 的含量及比值
	2	0	低温过热(150~300℃)	接头焊接不良或引线夹件螺丝松动;铁芯漏磁、涡流引起铜过热;分接开关接触不良;层间绝缘不良;铁芯多点接地;局部短路等
	2	1	中温过热(300~700℃)	
	0,1,2	2	高温过热(≥700℃)	
	1	0	局部放电	高含气量、高湿度引起油中低能量局部放电

续表

编码组合			故障类型判断	故障实例
C_2H_2/C_2H_4	CH_4/H_2	C_2H_4/C_2H_6		
2	2	0,1,2	低能放电兼过热	分接头引线闪络;不同电位间的油中火花放电;引线对未固定的电位部件之间放电或悬浮电位间放电
	0,1	0,1,2	低能放电	
1	2	0,1,2	电弧放电兼过热	相间闪络;线圈匝层短路;引线对箱壳放电;线圈熔断;分接开关飞弧;分接头引线间油隙闪络;引线对其他接地体放电;环路电流引起电弧;等等
	0,1	0,1,2	电弧放电	

　　国家电网公司现行的变压器故障判断导则使用上述三比值法来判别设备故障。但由于电力设备本身的复杂性和不确定性,三比值中的编码与设备故障类型之间的对应关系仍存在一定的缺失,无法全面包括和反映变压器全部故障类型,因此需要持续改良优化,为设备提供全面准确的状态监测信息。为此相关研究者开发了四比值法,又被称为罗杰斯方法(韦远剑,2017)。该方法在三比值法原有比值的基础上,增加一个比值 C_2H_6/CH_4,组成四比值(CH_4/H_2、C_2H_4/C_2H_6、C_2H_6/CH_4、C_2H_2/C_2H_4)进行故障判别。四比值法故障类型判别明细如表 3-4 所示。例如:当 CH_4/H_2、C_2H_6/CH_4、C_2H_4/C_2H_6 小于 1,C_2H_2/C_2H_4 小于 0.5 时,根据表 3-4 可判断为一般故障或局部放电故障;当 CH_4/H_2、C_2H_6/CH_4、C_2H_4/C_2H_6 小于 1,C_2H_2/C_2H_4 大于 0.5 时,可判断为局部放电故障等。

表 3-4　四比值法故障类型判别明细

故障判断类型	CH_4/H_2	C_2H_6/CH_4	C_2H_4/C_2H_6	C_2H_2/C_2H_4
一般损坏	0.1~1	<1	<1	<0.5
局部放电	≤1	<1	<1	<0.5

续表

故障判断类型	CH_4/H_2	C_2H_6/CH_4	C_2H_4/C_2H_6	C_2H_2/C_2H_4
轻微过热(<150℃)	1~3	<1	<1	<0.5
低温过热(150~200℃)	1~3	≥1	<1	<0.5
中温过热(200~700℃)	0.1~1	≥1	<1	<0.5
导体过热	0.1~1	<1	1~3	<0.5
绕组中出现不平衡电流或接线过热	1~3	<1	1~3	<0.5
铁件或油箱出现不平衡电流	1~3	<1	≥3	<0.5
小能量击穿	0.1~1	<1	<1	0.5~3
电弧短路	0.1~1	<1	1~3	0.5~3
长时间刷形放电	0.1~1	<1	≥3	≥3
局部闪络放电	≤1	<1	<1	0.5~3

上述比值方法在变压器故障诊断领域应用十分广泛,较传统离线方法具有动态、实时、准确率高等优势,但这些方法在实际应用中也存在一些问题:①比值法的编码数量比较有限。由于变压器设备内部复杂,故障类型多样,在实际应用中常出现查不到对应编码,导致无法进行故障诊断的问题。②比值方法只有在设备油中溶解气体含量超过注意值后,才能使用编码表对设备故障类型进行判断,对于设备油中溶解气体含量正常但存在内部故障的变压器设备,比值方法无法判断。③比值方法的编码和设备故障类型的对应关系是绝对的,一种故障类型对应一种编码,而实际上不同编码边界间的比值区间较为模糊,一组编码可能在不同程度上反映多种故障类型,某一类故障也可能由多种编码共同反映,因此这种固定编码不能完全体现故障与编码之间的关系。

3.1.3　基于音频识别的在线监测技术

基于音频识别的在线监测技术指根据电力设备运行过程中产生的各种声音、声波对设备状态进行判别的方法。音频信号是设备固有的一种振动信号。在实际的运行中,当工作条件发生变化时,设备运行状态改变的过程中会伴随着声音信号的变化。音频识别方法就是利用设备所发出的声音信号进行分析判别,即提取声音信号的特征值,从而判断出设备的运行状态。

目前,基于音频识别的在线监测技术主要应用于变电设备局部放电故障识别领域。局部放电是指电力设备在外电场的作用下,设备部分绝缘区域发生放电而未被击穿的现象(Angrisani et al.,2000)。局部放电信号会使绝缘介质受到损害,加速绝缘介质的老化,同时伴随着过热、发光和发声现象的出现,严重损害设备运行安全(Metwally,2004)。目前,变电设备主流局部放电监测方法是超声波检测法。超声波检测法主要依靠声波传感器测量设备运行过程中产生的声波大小。局部放电所产生的超声波是一种机械波,具有很宽的频带,且遵循机械波的传播规律。当电力设备出现局部放电故障时,产生的声波会以球面波的形式向四周扩散,声波传感器接收这些声波,并将其转化为电信号,经过分析处理得到放电信号的特征量、放电大小等,根据所得特征量对设备状态进行判断(葛亮,2019)。

音频识别系统主要由音频传感器、信号调理电路、数据处理系统和人机界面等部分组成,其中,音频传感器是实现音频识别的关键设备。该传感器内置一个对声音敏感的电容式驻极体话筒,话筒由声电转换部分和阻抗部分组成。话筒接收声波后,内部驻极体薄膜产生振动,内置电容发生变化,产生微小电压。这一电压经过信号调理电路进行滤波、放大,最终被转化成电信号,传输至数据处理系统进行分析,最终通过人机界面向运维人员展示设备信号分析与故障判别结果(葛亮,2019)。音频识别系统工作原理简单,容易实现,传感器安装在设备机箱外部即可对内部故障进行实时监测,因此被广泛用于不同设备的状态监测。

基于音频识别的在线监测技术的优势体现在:①音频识别方法对设备运行和操作影响小,便于实现在线监测,有效减少设备停电次数;②音频信号不易受电磁干扰,采集简单,音频处理电路简单,对硬件设备要求低,成本低;③音频监测不受空间、环境等因素的限制,监测结果明显直观,适合对配电网中大量电力设备实行状态检测。

因此,基于音频识别听在线监测技术是实时监测设备运行状态的一种新型有效方式。

3.1.4 基于图像识别的在线监测技术

由于很多电力设备都处于比较恶劣的环境中,依靠工作人员对电力设备进行日常、定期巡检将浪费大量时间且存在很大的安全隐患。视频监测技术为电力设备的日常巡检提供了解决方案,通过引入视频监测技术,电力设备管理人员可以通过高清摄像头观察设备日常运行状态,监测电力设备不同部位是否存在异常情况,实现设备 24 小时实时连续监测(Jones and Earp,2001)。然而,采用人工监测的方式进行 24 小时连续监测仍然耗费了大量的人力成本,且可能出现人员主观因素所导致的故障错判和漏判现象。针对这些问题,近年来基于图像识别技术的设备监测技术逐步引入电力设备异常监测当中,图像识别方法对采集到的视频和图像进行分析,通过在线识别方法从图片中提取设备运行状态信息,进而判断设备运行状态。例如,电力维护人员可利用图像识别技术估计输电线的弧垂、计算覆冰厚度等。

基于图像识别的设备在线监测主要依靠视频传感器实现。此类传感器通常安装在设备附近合适位置,将收集到的电力设备运行状态转化为光信号,经过数字摄像机将光信号转化为图像并输入监测系统的计算机。计算机作为整个系统的核心,完成图像的采集、预处理、识别和分析。当设备处于正常运行时,不传输监测图像,只对分析的结果进行正常传输以减小系统压力;当计算机发现设备图像发生异常变化时,就会立即触发报警系统,同时将报警信息和故障信息及解决措施传送给相关维护人员,以提升工作人员的维修效率,降低调度员的工作强度(王丹,2018)。

基于图像识别的在线监测系统的实现主要基于三类技术:①电力设备图像预处理。受图像采集设备的测量误差和环境等因素的影响,摄像机、光学传感器采集到的设备图像中不可避免地会含有误差和噪声,这会给设备图像处理、特征提取以及故障识别分析带来严重干扰,影响图像分析结果的正确性。因此,首先要对采集到的电力设备图像进行必要的预处理,如灰度化、图像去噪、图像锐化、图像分割等,以保证电力设备及其运行状态识别和分析的准确性。②图像特征提取与识别。电力设备图像中包含着电力设备运行情况的重要信息,对电力设备图像进行识别的关键在于分析电力设备的各种特征,如颜色、纹理、形状等。经过预处理后,选取能够区分电力设备类别的图像特征作为识别电力设备时的输入向量,通过相关匹配方法对电力设备进行定位识别,并对识别实验的结果进行总结和分析。③电力设备异常的检测。从采集到的变电站图像中识别出电力设备类型后,电力设备所在的图像区域就是进行检测的重点区域。通过对此区域进行差分和累积图像处理,最后与电力设备运行正常时的图像进行比较,即可判断出变电站场景图像是否发生了变化,由此得出变电站或电力设备的运行状态是否出现了异常(王丹,2018)。

基于图像识别的在线监测技术的优势主要包括以下几个方面:①具有直观且准确度高的特点,不受环境、温度等因素限制,能够大规模应用于不同类型的电力设备状态监测;②解决了人眼难以分辨细微图像的灰度变化、无法客观判断设备表面缺陷程度的问题,有效提高了设备故障判断的准确性;③具有动态实时的优势,能够对电力设备进行连续监测,有效降低设备巡检人力成本。

因此,基于图像识别的在线监测技术的运用可促进在线监测系统的智能化、自动化,提高变电站工作人员的工作效率,取得更高的经济效益,具有较高的实用价值和更广的应用前景。

3.2　带电检测数据

带电检测工作一般指在设备运行状态下,采用便携式检测工具对带电设备进行检测,以获取设备的电气、物理、化学等特征量。

带电检测的目的是采用有效的检测手段和分析诊断技术,及时、准确地掌握设备运行状态,保证设备的安全、可靠和经济运行。有别于在线监测,带电检测的检测周期长,但准确率更高,具有投资小、见效快的特点,适合当前我国电力生产管理模式和经营模式。带电检测技术的全面深入应用有助于提前发现电力设备潜伏性隐患,有针对性地采取措施,避免设备事故的发生,节省人力、物力,避免由检修时间较长所造成的经济损失,从而取得良好的经济效益(粟永江,2014)。与常规的例行试验相比,带电检测具有以下优势:①无须停电,不影响设备的可靠性;②试验状态(作用电压、温度等)与运行相符,能发现特定条件下才暴露的缺陷;③技术投资少,对设备影响小,应用灵活,因此获得了广阔的发展空间。

现阶段,带电检测技术最广泛应用于变压器状态检测领域。根据变压器带电检测原理,变压器带电检测主要有高频局部放电信号检测、油色谱特征分析、紫外成像检测等、红外热像检测等。

3.2.1　高频局部放电信号检测

高频局部放电信号检测通过监测电力设备运行过程中释放的高频声波信号来判断设备是否存在局部放电故障。此类检测方法使用的传感器装有一个磁化后的线圈,这种线圈对电力磁场及高频信号敏感度很高,当设备发生局部放电故障后,产生的电磁脉冲会在电流传播方向上产生磁场及放电信号,传感器检测到这些信号后上传给设备管理人员进行分析,判断信号是否与局部放电特征相符。一般情况下,设备管理人员通过 PRPD(Phase Resolve Partial Dischange,相位分辨局部放电)图谱和等效频率-等效时长图进行判断。PRPD 图谱能够反映高频电流绝对值大小和相位,设备管理人员通过该图分析高频局放电流在哪个相位集中,其幅值是否超过额定要求,以及出现的次数等,以此为依据判断局放是否属于正常以及局放类型。等效时频域判断图将高频局放电流信号进行时域和频域变换,设备管理人员计算得到每个脉冲的等效频率和等效时间后,与标准故障图谱进行对比,判断属于什么类型的故障(钟圆美惠,2020)。

3.2.2　油色谱特征分析

油色谱特征分析采用国家标准推荐的三检测器流程,一次进样即可完成绝缘油中溶解气体组分(包括氢气、氧气、甲烷、乙烯、乙烷、乙炔、一氧化碳和二氧化碳)含量的全分析。根据这些特征气体的含量,可以分析油浸式变压器设备故障类型、严重程度。目前采用的分析手段主要是三比值法,通过将气体含量按比值进行编码,把 CH_4/H_2、C_2H_4/C_2H_6、C_2H_2/C_2H_4 三个比值按照比值大小设定为 0、1、2,然后通过一个由 0、1、2 三个值组成的三位数的编码进行故障诊断。

目前,我国对变压器油中溶解气体的带电检测技术已十分普及。以浙江省为例,截至 2016 年 9 月,浙江电网已经实现 220 千伏及以上电压等级变压器油中溶解气体监测全覆盖,浙江电网 3400 余台 110 千伏及以上主变的试验数据、主变运行三侧电流、三侧电压、顶层油温、气象环境(含温度、湿度、雷电流幅值、雷电流分布)均已经进入变压器管控系统,形成油中溶解气体带电检测数据报告 9 万份。这些数据为分析设备状态变化趋势、实现设备故障智能诊断提供了坚实的数据基础。

3.2.3　紫外成像检测

紫外成像检测主要面向设备局部放电故障检测。电力设备发生局部放电时会将周围的氮气电离,电离过程中会产生紫外光波段的波。紫外成像检测通过捕获紫外光波并分析光子特征,实现设备局部放电故障判断。紫外成像检测能有效识别套管破损及设备存在毛刺的部位。在检测时,需要将紫外成像仪尽可能接近设备发电部位,在安全情况下进行拍摄,并对数据进行预处理,将其转化为标准距离进行分析判别(钟圆美惠,2020)。

3.2.4　红外热像检测

红外热像检测通过红外仪器对设备运行过程中发出的红外辐射进行探测和处理,并将收集到的红外信号转化为电信号和数字信号,通过图像的方式展示设备的温度分布。红外热像检测在电力设备带电检测中主要有两种判断方式:一种是当电力设备表面温度超过一定值时,判断设备的故障类型,即表面温度判别法;另一种是在同类型设备中进行横向对比,通过对比设备之间的相对温差进行故障判断,即相对误差判别法。目前,红外成像检测在变压器设备故障诊断中具有广泛的应用,能够有效地判断变压器的漏磁过大引起的发热、散热或冷却装置故障等。

4 传感器数据可用性评价与多源数据融合方法

在工业互联网时代,随着传感器与智能感知技术的不断发展,运作系统通常通过传感器收集设备运行状态指标数据,通过分析传感器数据实现设备状态远程监测及故障诊断。设备状态指标指反映设备运行状态正常与否的性能参数,如电力设备运行温度、感应电流、油中溶解气体浓度等,这些指标随时间的变化特征为故障诊断方法提供了决策依据。设备维护人员通过传感器实时采集设备状态指标的在线监测结果,根据在线数据对设备健康状态进行动态评价,在故障发生前进行预防性维护。因此,基于传感器的远程实时设备状态监测为设备巡检和管理提供了重要的发展机遇。

不幸的是,传感器测量得到的设备运行状态数据可能是不可靠,甚至是不可用的。究其原因,主要有两方面:其一,传感器一般对设备运行状态参数进行转换,例如:气相色谱仪将混合气体各组分浓度转换为色谱柱,再转换成电信号(如电压、电流等),经放大后进行记录和显示,绘出色谱图,以检测不同气体的浓度;红外温度传感器通过红外辐射检测物体的温度。受环境噪声、传输转换误差和测量原理的差异等方面因素的影响,传感器采集到的设备运行数据通常具有一定的测量误差。其二,不同厂家生产的传感器因为制造工艺水平和测量原理的差异(如气相色谱仪的气体浓度型检测器包括热导检测器、电子捕获检测器等),其对同一设备状态参数的测量结果可能表现出不一致性。这两种因素叠加,可能导致传感器测量数据的不可靠,甚至不可用。因此,传感器测量数据的可用性与可靠性评估是工业互联网时代面临的重大基础性问题。

另外,为了减少数据误差对维护决策的影响,维护人员往往需要定期前往设备现场,通过人工测量的方式采集离线数据,了解设备真实运行状态,保证设备的运行安全。例如,变压器设备巡检实践中,为确保传感器数据的准确性,设备维护人员需要定期前往设备现场,利用物理手段采集设备油中溶解气体数据,通过两种数据相结合的方式对设备进行健康状态评价。设备在线数据具有动态、实时与采样成本低等优点,但准确性较低;离线数据的测量结果准确,但采样成本过高。因此,如何将同一台设备的在线监测数据与人工离线检测数据等多源数据进行相互融合,提高该设备状态监测结果的准确性和可靠性,是设备巡检策略设计的一个重要课题。

4.1 设备监测数据的分类及特征

设备状态监测数据通常包括在线数据与离线数据两种类型。在线数据指通过传感器技术收集到的设备运行状态的监测数据。此类数据具有动态、实时、采样成本低的特点,能够实现设备状态的远程监测。例如,国家电网公司对其油浸式变压器设备大量装备了油色谱在线监测装置,用于实时测量变压器油中溶解气体浓度。设备维护人员可以通过变压器油中溶解气体浓度的变化情况,结合领域专家的知识经验,对变压器是否存在故障以及对应的故障类型进行判断。其中,我国相关电网公司已在多地完成了针对变压器故障问题的在线监测系统建设,实现了部分地区高电压等级变压器油中溶解气体在线监测装置全覆盖。一方面,这些监测装置产生了海量的设备状态在线监测数据,为设备状态的在线监测、故障诊断及相关大数据分析工作提供了数据基础。另一方面,设备的在线数据也存在其与设备真实状态可能不一致,不同供应商提供的传感器可靠性不可比等问题。受设备运行环境、传感器误差、远距离传输噪声等多种因素的影响,设备在线监测装置(即传感器)往往无法准确地测量设备运行状态,其测量精度将对后续运维策略的调整产生直接影响。如何评价设备在线监测数据可靠性,提高在线数据的可用性,已成为当前设备状态远程监测领域的重要研究问题。

　　离线数据指依靠人工采集等传统设备数据采集方式,定期前往设备现场获取的设备状态数据,又叫现场测量数据(相对于远程监测数据)。此类数据具有测量精度高的优点,但采样成本较高,数据比较稀疏。例如,在传统变压器故障诊断中,设备维护人员往往需要定期前往设备现场,在不对变压器进行停电实验的情况下采集油中溶解气体浓度数据,分析变压器运行状态。所获取的气体浓度数据称为带电检测数据。现行带电检测指导原则中,数据采样周期主要由相关专家根据经验确定:当设备油中溶解气体浓度远低于三比值法的经验阈值,故障风险较小时,设备维护人员将延长数据采集周期(半年至一年);当气体浓度接近阈值,故障风险偏大时,数据采集周期将大幅缩短(一周)。此种数据采集策略在实践中耗费大量人力成本,且在长采样周期阶段存在漏报设备故障风险的问题,无法实现设备状态实时动态监测。针对电设备在线数据成本低、误差高,离线数据成本高、误差低的特点,有必要开展设备在线-离线数据融合与误差矫正工作,获取高质量、低成本的设备实时监测数据,为进一步改善设备状态奠定基础。

4.2　设备在线监测数据可用性评价方法

　　设备在线数据可用性由其测量精度所决定,测量误差越大,可用性越低。在数据可用性评价问题中,本章将离线数据作为设备状态的真实数据,在线数据为带有一定的噪声与误差的失真数据,如图 4-1 所示。在线数据的可用性评价的基本原理是比较同一台设备运行状态的在线监测数据序列与离线测量序列的相似性,即图 4-1 中两条曲线(对应两个监测数据序列)的变动规律的相似度。考虑到在线数据常常出现数据突变情形,数据序列变动规律相似度的测算需要考虑被测量的变化趋势、随机波动和突变情况。因此,本章以下将分别从系统误差、随机误差和巨大误差三个方面分析在线数据的测量误差,综合三种误差的大小确定在线数据的可用性。

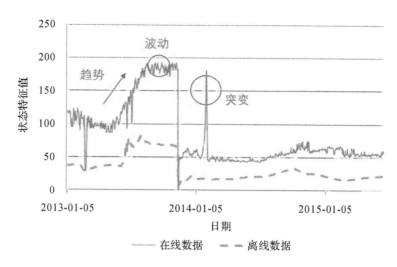

图 4-1　典型的在线数据和离线数据变化曲线

在线监测数据的系统误差、随机误差和巨大误差定义如下。

系统误差:对于在线数据发生整体的趋势偏离的情况,本章将其称为系统误差。在线数据的变化趋势应与离线数据的变化趋势保持一致;如果出现无规律的趋势偏离甚至背离,则说明在线数据无法准确描述设备状态变化情况,在线数据的可用性低。

随机误差:在线数据围绕趋势发生高频波动的情况,为随机误差。随机误差较大说明在线装置的稳定性较低,无法进行精度较高的监测。

巨大误差:在线数据发生突变的情况,为巨大误差。过多的突变数据容易造成监测人员的误判,浪费设备巡检的资源与人力成本。

在线数据的系统误差、随机误差与巨大误差主要通过信号(即状态特征测量值时间序列)分析方法识别和区分。信号分析方法首先利用滑动平均方法过滤和评价数据的巨大误差,然后通过时域特征分析技术,将在线数据序列分解为随机波动与系统趋势两个序列,分别用于评价在线数据的随机误差与系统误差。

为准确识别在线数据变化趋势,我们采用集合经验分解方法对在线数据的随机波动与系统趋势进行分解。经验模式分解是一种自适应性信号时频处理方法,该方法根据数据自身的时间尺度特征来进行信号分解,无须预先设定任何基函数,解决了传统时频分析方法(如傅里叶变换、小波分析等)基函数无自适应性的问题。

经验模式分解分析在线数据主要包括以下三个步骤。

步骤一

找出要分析的信号 $x(t)$ 的所有极大值点和所有极小值点,并将所有极大值点用一条曲线(通常采用三次样条曲线)连接起来得到上包络线 $e_{max}(t)$,同样方法由所有极小值点可以得到下包络线 $e_{min}(t)$。

步骤二

计算上包络线 $e_{max}(t)$ 和下包络线 $e_{min}(t)$ 的均值曲线 $m(t)$,计算信号 $x(t)$ 与均值 $m(t)$ 的差值 $d(t)$。

步骤三

判断 $d(t)$ 是否为本征模函数,即 $d(t)$ 是否满足:

①在整个时间范围内,局部极值点和过零点的数目相等,或最多相差一个;

②在任意时刻点,局部最大值的包络(上包络线)和局部最小值的包络(下包络线)平均为零。

如 $d(t)$ 满足上述条件,记 $d(t)$ 为第 i 条本征模函数输出,令 $x(t) = x(t) - d(t)$;如果 $d(t)$ 不满足上述条件,则令 $x(t) = d(t)$,重复以上步骤直至残差信号小于事先设定的指标或不能再分解出本征模函数为止。

这样,原始信号就可以表示成本征模函数和残差项之和:

$$x(t) = \sum_{i=1}^{N} imf_i(t) + r(t)。$$

其中,$imf_i(t)$ 表示本征模函数项,N 是本征模函数的项数,$r(t)$ 表示残差项。

各个本征模函数根据频率的不同被分离开来。获取在线数据的本征模函数后,我们逐步对每个本征模函数是否服从正态分布进行检验:首先检测 $imf_1(t)$,若符合正态分布特征,再检测 $imf_1(t)$ 和 $imf_2(t)$ 之和是否服从正态分布,若依然符合正态分布特征,再检测 $imf_1(t)$、$imf_2(t)$ 与 $imf_3(t)$ 之和是否服从正态分布。依此类推,直至不满足正态分布条件为止,此时前 n 个满足正态分布条件的本征模函数之和即为在线数据的随机误差序列,剩余序列之和为在线数据系统趋势序列。

为了评价在线监测数据可用性,需要评价其系统误差、随机误差与巨大误差,这三种误差的综合反映了在线监测数据的可用性。本章后续内容将介绍设备在线监测数据的系统误差、随机误差与巨大误差的分解过程,并详细介绍每种误差的评价方法。

4.2.1 系统误差评价与趋势一致性分析方法

设备在线监测数据系统误差的评价主要依据在线与离线数据趋势一致性评估。对两个时间序列数据趋势一致性的分析是一个重要的基础性研究课题。假设已有的设备在线监测数据的系统趋势序列为 $x(x_1, x_2, \cdots, x_N)$,离线监测数据序列为 $y(y_1, y_2, \cdots, y_N)$。其中,$x_i, y_i, i \in [1, N]$,分别表示时间序列 x、y 在第 i 个时间点上的取值,N 为序列的长度。通常我们需要知道这两个时间序列有没有交叉相关性以及它们之间的相关程度。

目前对两个时间序列之间交叉相关性研究的主要方法有皮尔逊相关系数法(Neto et al.,2011;Van and Anh,2016)和交叉相关系数法(detrended cross-correlation analysis, DCCA)(Podobnik and Stanley,2008)以及它们的一些改进算法(Zhao et al.,2017)。下面我们对一些代表性方法及其存在的问题进行简要介绍。

4.2.1.1 皮尔逊相关系数法

目前在测量两个时间序列 $x(x_1, x_2, \cdots, x_N)$ 和 $y(y_1, y_2, \cdots, y_N)$ 相关性方面,最基本的方法是皮尔逊相关系数法。皮尔森相关系数 $\rho_p(x, y)$ 定义如下:

$$\rho_p(x, y) = \frac{\sum_{i=1}^{N} (x_i - \bar{x})(y_i - \bar{y})}{\sqrt{\sum_{i=1}^{N} (x_i - \bar{x})^2} \sqrt{\sum_{i=1}^{N} (y_i - \bar{y})^2}},$$

$$\bar{x} = \frac{1}{N} \sum_{i=1}^{N} x_i, \quad \bar{y} = \frac{1}{N} \sum_{i=1}^{N} y_i。$$

但是使用皮尔逊相关系数法测量两个时间序列的相关性时,有较为严苛的条件,即要求两个时间序列是正态分布的随机变量,这样才能保证所测得相关系数的准确性。如果条件不满足,比如时间序列为非平稳的时间序列,则可能会导致使用皮尔逊相关系数法评测出的两个时间序列之间的相关性结果与两个时间序列的实际情况大相径庭。

以图 4-2 为例。当 $t \in [1, 21]$ 时，$x_t = 11 - t$；当 $t \in [1, 11]$ 时，$y_t = t - 1$，当 $t \in [12, 21]$ 时，$y_t = t - 22$。由图 4-2 可以看出，几乎在整个时间段上时间序列 x 和时间序列 y 的走势是相反的，但这两个时间序列之间的皮尔逊相关系数为 $\rho_p(x, y) = 0.5$，显示两个时间序列之间有较强的正相关性，这显然是不正确的。原因是皮尔逊相关系数以时间序列的均值为衡量标准，导致只要两个时间序列均大于或小于其均值（在图 4-2 中，时间序列 x 和 y 的均值均为 0），其对系数的贡献就是正的，从而忽视了两个时间序列中真实的变动情况，导致测得的皮尔逊相关系数与实际情况严重不符。

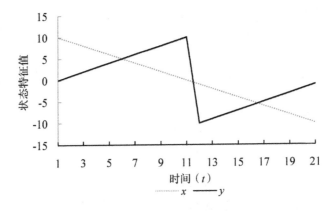

图 4-2　皮尔逊相关系数法评价时间序列相关性典型示例

4.2.1.2　交叉相关系数法

针对皮尔逊相关系数法不能衡量非平稳时间序列 $x(x_1, x_2, \cdots, x_N)$ 和 $y(y_1, y_2, \cdots, y_N)$ 之间的相关性问题，Podobnik and Stanley(2008)提出了交叉相关系数 $\rho_{\text{DCCA}}(x, y, l)$，定义如下。

①将两个时间序列逐个累加，形成新的序列 xx_k 和 yy_k：

$$xx_k = \sum_{i=1}^{k} x_i, \quad yy_k = \sum_{i=1}^{k} y_i。$$

②将序列 xx_k 和 yy_k 分为 $N-l+1$ 块相互重叠的区间，则每块区间上数据长度为 l。对每块区间进行最小二乘估计，分别得到序列 xx_k、yy_k 在第 i 块区

间上的估计 $xP_i(k)$ 和 $yP_i(k)$，并计算出在第 i 块区间上估计误差的协方差。其中，$i \in [1, N-l+1]$：

$$f_{xy}^2(l,i) = \frac{1}{l-1} \sum_{k=i}^{i+l-1} [xx_k - xP_i(k)][yy_k - yP_i(k)]。$$

③计算出每块区间上估计误差协方差的均值：

$$F_{xy}^2(l) = \frac{1}{N-l} \sum_{i=1}^{N-l+1} f_{xy}^2(l,i)。$$

定义 DCCA 交叉相关系数 $\rho_{\text{DCCA}}(x,y,l)$ 如下：

$$\rho_{\text{DCCA}}(x,y,l) = \frac{F_{xy}^2(l)}{F_{xx}(l)F_{yy}(l)}。$$

可以看到，交叉相关系数是一个关于每块区间上数据长度为 l 的函数。随着参数 l 的变化，交叉相关系数可能会发生较大的变化，虽然交叉相关系数从不同区间长度的角度衡量了两个时间序列的相关程度，但是没有给出两个时间序列的总体相关程度描述。

4.2.1.3　Erdem 相关系数法

鉴于皮尔逊相关系数法依赖均值所带来的在非正态分布随机变量相关性评价上的问题和交叉相关系数法是一个关于区间长度的函数的问题，Erdem et al.(2014)提出了一种评价两个时间序列相关性的相关系数 ρ_{new}，定义如下：

$$\rho_{\text{new}}(x,y) = \frac{\sum_{i=2}^{N}(x_i - x_{i-1})(y_i - y_{i-1})}{\sqrt{\sum_{i=2}^{N}(x_i - x_{i-1})^2}\sqrt{\sum_{i=2}^{N}(y_i - y_{i-1})^2}}$$

Erdem 相关系数 ρ_{new} 较好地解决了图 4-2 中皮尔逊相关系数由于依赖均值带来的估计误差，同时是一个整体的相关性估计。但是该相关系数只依赖前后两个点的走势，容易受到时间序列中相邻两点走势影响，从而干扰对两个时间序列长期关系的判断。

以图 4-3 为例。当 t 为奇数时，$x_t = y_t = 0.1t$；当 t 为偶数时，$x_t = 0.1t - 0.15$，$y_t = 0.1t + 0.15$。由图 4-3 可以看出，两个时间序列的整体走势十分相近，但每相邻两点的走势却恰好相反，而 Erdem 相关系数 ρ_{new} 只考虑相邻两点的走势，导致 Erdem 相关系数 ρ_{new} 为 -0.3864，显示两个时间序列之间有较强的负相关性，这显然是不合理的。

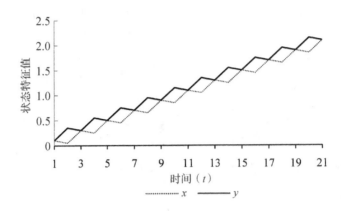

图 4-3 Erdem 相关系数法评价时间序列相关性典型示例

4.2.1.4 趋势相关性系数

针对上述现有衡量两个时间序列相关性关系方法的不足,本章提出了一种两个时间序列之间的趋势相关性系数(Zhou and Hua,2021),从两个时间序列中任意两点连线的变化方向和变化幅度两个方面来衡量其相关性。

给定设备在线数据与离线数据,该趋势相关性系数计算过程分为以下步骤。

步骤一

数据预处理。设备在线数据以固定时间间隔采集,同一间隔内有多个数据的取平均数,没有数据的用线性插值代替;离线数据以相同时间间隔采集,同一间隔内有多个数据的取平均数,没有数据的用线性插值代替。

步骤二

将在线数据分为两个部分来研究:一部分是在线时间序列对应时间点有带电数据的部分组成的集合,记作 O_1,对应的带电时间序列部分为 F_1;另一部分是在线时间序列对应时间点没有带电数据的部分组成的集合,记作 O_2,对应的带电时间序列部分为 F_2。记 O_1、F_1 部分对整体系统误差的影响权重为 α,O_2、F_2 部分对整体系统误差的影响权重为 $1-\alpha$,ρ_1 和 ρ_2 分别表示 O_1、F_1 和 O_2、F_2 两部分的系统误差,则整体的系统误差为 $\rho=\alpha\rho_1+(1-\alpha)\rho_2$。记 ρ_{kij} 是 ρ_k 的第 j

个点到第 i 个点的分量,表示在线数据和带电数据的第 j 个点到第 i 个点的系统误差,记 l_{kij} 为 ρ_{kij} 综合的权重,因此有:

$$\rho_k = \sum_{i,j=1,i>j}^{|O_k|} l_{kij}\rho_{kij}。$$

其中, $|O_k|$ 表示集合 O_k 中的元素个数, $k=1,2$。对每一个 ρ_{kij},我们从其连线的变化方向和变化幅度两个层面来确定其取值:若同向变化,则取正值,变化幅度越相似, ρ_{kij} 的绝对值越大;若反向则取负值,变化幅度越大, ρ_{kij} 的绝对值越大。当在线数据和带电数据其中有一组连线平行于横坐标的直线时,因为没有方向,所以我们用另一组连线的变化幅度来衡量此刻的系统误差。当两组连线均平行于横坐标时,表示它们的变化无论方向还是幅度都是一致的,因此定值为1。另外,当带电数据不全为0而在线数据全为0时,我们认为很可能是在线传感器出现了问题,此时我们将其系数定义为0。

综上所述, ρ_{kij} 定义如下:

当 $\sum\limits_{i=1}^{|O_k|} (O_{ki})^2 = 0$ 且 $\sum\limits_{i=1}^{|O_k|} (F_{ki})^2 \neq 0$ 时, $\rho_k = 0, k = 1,2$。

否则有:

$$\rho_{kij} = \begin{cases} \dfrac{2(O_{ki}-O_{kj})(F_{ki}-F_{kj})}{(O_{ki}-O_{kj})^2+(F_{ki}-F_{kj})^2}R, & (O_{ki}-O_{kj})(F_{ki}-F_{kj})\neq 0 \\[2mm] e^{-\frac{|F_{ki}-F_{kj}|}{|F_{kj}|/20+0.01}}, & (O_{ki}-O_{kj})=0, (F_{ki}-F_{kj})\neq 0 \\[2mm] e^{-\frac{|O_{ki}-O_{kj}|}{|F_{kj}|/20+0.01}}, & (O_{ki}-O_{kj})\neq 0, (F_{ki}-F_{kj})=0 \\[2mm] 1, & (O_{ki}-O_{kj})=0, (F_{ki}-F_{kj})=0 \end{cases}$$

其中: $R = 1 - \dfrac{1}{2}\left[1 - \dfrac{|(O_{ki}-O_{kj})(F_{ki}-F_{kj})|}{(O_{ki}-O_{kj})(F_{ki}-F_{kj})}\right]e^{-\frac{|(O_{ki}-O_{kj})-(F_{ki}-F_{kj})|}{|F_{kj}|+0.01}}$; $i,j=1,2,\cdots,$ $|O_{ki}|$; $i>j$; $k=1,2$。

$\dfrac{2(O_{ki}-O_{kj})(F_{ki}-F_{kj})}{(O_{ki}-O_{kj})^2+(F_{ki}-F_{kj})^2}$ 表示同向变化,则取正值,变化幅度越相似, ρ_{kij} 的绝对值越大;当反向变化时,为了修正两条线小幅反向变化使系数过小而违反常规,引入了修正变量 R , R 中的 $\dfrac{1}{2}\left[1 - \dfrac{|(O_{ki}-O_{kj})(F_{ki}-F_{kj})|}{(O_{ki}-O_{kj})(F_{ki}-F_{kj})}\right]$ 保证了在同

向 变 化 时 不 改 变 $\dfrac{2(O_{ki}-O_{kj})(F_{ki}-F_{kj})}{(O_{ki}-O_{kj})^2+(F_{ki}-F_{kj})^2}$，而 反 向 变 化 时 修 正 为 $1-$
$e^{-\frac{|(O_{ki}-O_{kj})-(F_{ki}-F_{kj})|}{|F_{kj}|+0.01}}$，表 示 反 向 幅 度 越 大，系 数 越 小。$e^{-\frac{|F_{ki}-F_{kj}|}{|F_{kj}|/20+0.01}}$ 和
$e^{-\frac{|O_{ki}-O_{kj}|}{|F_{kj}|/20+0.01}}$ 相同，都是在一条曲线的差值为 0 时，用另一条曲线的波动幅度
来衡量系数的大小，波动越大，系数越小。0.01 是为防治分母为 0 无法计算引
入的常数。

最后再来确定每条线的权重 l_{kij}。考虑到设备监测中维护人员更关注气体
浓度较高时测量的准确性，本章用气体浓度（即状态特征在线测量值）来构建一
个 ρ_{kij} 的权重表达式。

记 a_{kij} 为 ρ_{kij} 的权重，令：

$$a_{kij} = \frac{(F_{ki}+F_{kj}+0.02)^{1/3}}{\sum\limits_{i,j=1,i>j}^{|F_k|}(F_{ki}+F_{kj}+0.02)^{1/3}}, F_{ki}$$ 表示数量 F_k 的第 i 个数据，$k=1,2$。

上式中的 0.02 是给每个带电数据加了一个常数 0.01 得来的，因为如果不
加该常数，当带电数据全为 0 时分母为 0，权重不可用。加上 0.01 不会影响气
体浓度权重的排序，也不太会影响相对大小，而开三次方是为了当浓度差过大
时不至于使权重差距过大。a_{kij} 的分子表示的是用带电的第 j 个和第 i 个两个
点的均值来表示点 j 到点 i 线段的权重，均值越大，权重越大，均值越小，权重越
小，分母做归一化处理。

同时，本章关注不同时间距离下两组连线对整体走势的描述重要性不同，
并用距离来构建一个 ρ_{kij} 的权重表达式，记 h_{kij} 为 ρ_{kij} 的权重，$|F_k|$ 为 F_k 数据个
数，令：

$$b_{kij} = \frac{(E_{ki}-E_{kj})^{1/3}}{\sum\limits_{i=1,j=1,i>j}^{|F_k|}(E_{ki}-E_{kj})^{1/3}}。$$

其中，E_{ki} 表示 F_k 序列第 i 个数据对应的时间，$k=1,2$。

上式分子用两个时间间隔来表示权重，分母做归一化处理。时间跨度
越大，越能描述数据的总体走势，因此当时间间隔较大时，权重较大，时间
间隔较小时，权重较小。同样，还是为了防止距离大的时候权重影响过大，
做了开三次方处理，在不改变权重排序的情况下限制了权重的差距。

综合气体浓度权重和时间距离权重,令:

$$l_{kij} = \frac{a_{kij}b_{kij}}{\sum\limits_{i=1, j=1, i>j}^{|F_{s}|} a_{kij}b_{kij}}, \quad k=1,2。$$

分子中,用每段点 j 到点 i 的气体浓度权重和时间距离权重的积作为新的权重,分母做归一化处理。归一化采用如下映射:

$$f(x) = \left(\frac{x+1}{2}\right)^{2}。$$

将系统误差系的取值范围在保持原有顺序的基础上,由 $(-1,1]$ 映射为 $(0,1]$。

4.2.2 随机误差评价方法

设备在线监测数据的随机误差通常属于非线性、非平稳的时间序列。此类数据的分析与处理较为复杂,传统时间序列分析方法难以适用。经济学领域常使用 HP 滤波的方法剔除非平稳时间序列中低频的长期趋势,进而对高频的短期随机波动进行度量(Hodrick and Prescott,1997),信号分析领域则更多地使用功率谱密度对不同频率下的噪声功率进行分析(Johnstone and Silverman,1997)。这些方法对在线数据随机波动的度量有一定的作用,但其理论基础均来自时间序列的谱分析,属于频域分析方法,无法对变压器在线数据随机波动的时域特征进行准确度量。

在设备维护的现实情景中,维护人员更多关注在线数据的波动幅度,随机波动的幅度过大将会影响相关人员对变压器运行情况的判断,因此设备在线数据随机波动的时域特征(局部可靠性)是我们的主要度量目标。

在信号分析领域,Fourier 分析无疑是信号特征的重要分析方法,但其全局性的特点使其在处理非平稳信号及描述信号的时域特征方面存在较大局限。因此,在 Fourier 分析的基础上,相关学者提出了针对非平稳信号的分析方法,包括短时 Fourier 变换、Wigner-Ville 分布、小波变换等。短时 Fourier 变换的基本原理是在信号序列中加入窗函数,将非平稳信号转换成间隔较小的多个平稳信号,再对窗内信号进行 Fourier 变换,从而获得原始信号的时变频谱,达到对不同时段的高频信号(随机噪声)进行分析的目的(Jurado and Saenz,2002)。

Wigner-Ville 分布则是对原始信号的协方差函数进行 Fourier 变换,在一定程度上消除窗函数给短时 Fourier 变换带来的局限性。同时,Wigner-Ville 分布具有许多有用的特性,包括时移性、对称性等,能够较好地描述信号的时变特征。小波变换是一种多尺度的信号分解方法,其噪声估计的过程可以概括为:①通过设置小波基函数对原始信号进行小波分解;②用第一层小波分解的中值绝对变差来估计噪声(Johnstone and Silverman,1997;Donoho,1995)。与前述方法相比,小波变换具有更好的时频特性和噪声度量指标,Donoho(1995)提出的基于小波变换的噪声估计方法是当前应用最为广泛的非线性、非平稳信号的噪声估计方法。

上述方法对传统的 Fourier 分析进行了改进,为非线性、非平稳信号噪声提供了科学、系统估计方法。然而,这些方法在设备在线数据随机误差估计的情景下仍存在许多问题。一是噪声提取方面,上述方法无法实现随机噪声的自适应提取,其噪声的测度效果取决于具体参数的选取,例如,小波基函数的选择对其降噪能力影响巨大,但在实际应用中,小波基函数的确定是难以解决的问题。二是噪声估计方面,现有方法本身具有一定的时变性,但对噪声评价指标则更多从统计性质入手,如噪声方差、中值变差、Allan 方差(Allan and Barnes,1981)、TheoH 方差(McGee and Howe,2007)等(Allan 方差与 TheoH 方差是一种对特定噪声的估计方法,如高斯白噪声、闪烁噪声、随机游走噪声等)。这些评价指标具有全局性,无法反映在线数据的局部可用的特点。同时,这些方法主要用于精密仪器的随机误差测量,对粗差(巨大误差)十分敏感,而本章在线监测装置随机误差的情况较为复杂,需要更具普适性的评价指标。综上所述,现有方法在本章在线数据随机误差估计的情景下作用十分有限。

结合信号分析领域的相关知识,我们找到了解决上述问题的方法,提出了更为实用的在线数据随机误差评价方案。

对于噪声提取问题,我们选择了经验模式分解及其改进方法(EMD 和 EEMD)代替现有的小波变换,原因在于:①EMD 属于自适应的噪声提取方法,在信号处理之前不需要进行参数设定,特别适合对非平稳的时间序列进行特征提取(Wu and Huang,2009;Wu et al.,2007)。②大量实证研究表明,

EMD与EEMD方法在信号分解方面的效果优于小波变换(Peng et al.,2005; Labete et al.,2013;Dai et al.,2006)。因此,与现有方法相比,EMD与EEMD 能够帮助我们更为准确地提取出在线数据的随机误差。对于噪声估计问题,我们选择信噪比作为噪声的度量指标。一方面,信噪比具有更强的普适性,适用于任何形式的噪声度量。另一方面,与统计指标相比,信噪比具有真实的物理意义,能够提高模式的解释能力。同时,为了使指标具有时域特征,我们向提取出的随机误差序列加入了滑动时间窗,把窗内信号的信噪比作为该时刻随机噪声的评价指标,最大限度地体现了在线数据局部可用的特点。

本章提出的设备在线数据随机误差方法主要分为三个步骤(Hua et al.,2020)。

第一步是数据预处理。设备在线数据以固定时间间隔采集,同一间隔内有多个数据的取平均数,没有数据的用线性插值代替;离线数据以相同时间间隔采集,同一间隔内有多个数据的取平均数,没有数据的用线性插值代替。

第二步,对在线监测数据与带电检测数据作差,得到在线监测数据的误差序列,并对误差序列进行集合经验模式分解(EEMD)。EEMD是一种信号处理方法,其主要作用在于将原始信号序列分解为多个本征模式函数(IMF),每个IMF具有平稳时间序列的特性。研究表明,经过经验模式分解的白噪声的IMF具有一定的统计特性,即每个IMF的能量密度与平均周期的乘积为一个常数。根据这一统计特性,我们按照相关文献的方法,对每个从在线监测数据中分解出的IMF的能量密度和平均周期进行了计算,将先分解出的、能量密度和平均周期的乘积发生跳变之前的IMF作为随机误差的本征模式函数,从而得到在线监测数据的随机误差序列 N_t。

第三步,为进行对比分析,我们利用同样的方法,对经过预处理的在线监测数据进行集合经验模式分解,将其中符合白噪声统计特性的本征模式函数剔除,得到在线监测装置的真实信号序列 S_t。并且,我们利用振幅在 -0.1 到 0.1 之间的白噪声序列 m_t 构造了一个人工参考噪声序列 $N'_t = S_t \times m_t$,因此,我们只需要对比 N_t 与 N'_t 的波动情况,即可了解在线监测装置是否符合要求。

在对比分析的过程中，我们使用信噪比对 N_t 与 N'_t 的波动水平进行量化。若已知信号序列 $x(t)$ 由噪声序列 $n(t)$ 和信号序列 $s(t)$ 组成，则 $x(t)$ 中信号与噪声的比例（信噪比，单位：dB）定义如下：

$$d = 10\log_2\left(\frac{P_s}{P_n}\right)。$$

其中，P_s 和 P_n 为信号和噪声的功率，其定义为：

$$P_s = \frac{1}{T}\sum_{t=1}^{T}s(t)^2,$$

$$P_n = \frac{1}{T}\sum_{t=1}^{T}n(t)^2。$$

其中，T 为信号序列的长度。我们将 $x_t = S_t + N_t$ 与 $x'_t = S_t + N'_t$ 代入上式，得到信噪比 d 与 d'，若 $d > d'$，说明在线监测装置随机误差波动较小，可以使用。

另外，为了考察在线监测装置的局部可靠性，我们引入矩形滑动窗的概念，对时域范围内每个时间点上的信噪比进行估算。矩形滑动窗的原理类似于移动平均法，即取观测点附近固定长度的数据点作为该点的观测序列，计算该序列的信噪比，加入矩形窗函数的信噪比定义如下：

$$d_t = 10\log_2\left(\frac{P_{st}}{P_{nt}}\right),$$

$$P_{st} = \frac{1}{w}\sum_{t}^{t+w}s(t)^2,$$

$$P_{nt} = \frac{1}{w}\sum_{t}^{t+w}n(t)^2。$$

其中，w 为窗口的长度，t 的取值范围为 $1,2,\cdots,T$。

通过计算加入矩形窗后的信噪比，我们可以得到时域范围内误差序列的信噪比的分布情况。设在线监测数据随机误差序列的信噪比为 d_t，人工参考噪声序列的信噪比为 d'_t，时域范围内 $d_t > d'_t$ 的时间点个数为 n_a，则在线监测装置随机误差的评价系数 $\rho = n_a/T$。

4.2.3 巨大误差评价方法

设备在线数据巨大误差评价通过异常值检测技术实现。图 4-4 展示了设备在线数据巨大误差识别的具体示例。如图 4-4 所示，在线数据巨大误差的识别与评价过程主要包括四个步骤。

第一步,利用滑动平均方法对在线数据进行平滑估计处理。平滑估计采用中位数法(又称 Turkey 53H):计算设备在线数据 x 中每个数据点相邻十个数据的中位数,并用相邻十个点的中位数代替原数值,形成新的序列 x_1;在序列 x_1 基础上再构造相邻六个数据的中位数序列,用相邻六个点的中位数代替原数值,形成序列 x_2;对序列 x_2 相邻三个数据进行加权平均,三个数的权重分别为 $1/4$、$1/2$、$1/4$,得到最终的数据序列 x_3。

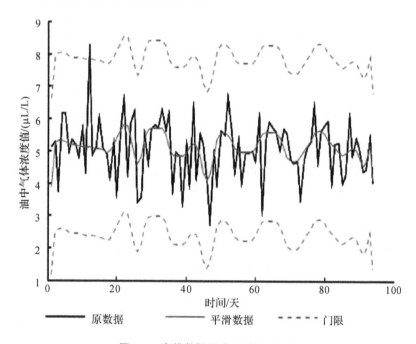

图 4-4　在线数据巨大误差识别示例

第二步,对光滑后的序列进行平移,平移的距离是数据序列 x_3 的三倍标准差,形成 99% 异常值门限区间,当在线数据超过区间阈值时,该数据点将被检测为巨大误差。

第三步,根据巨大误差识别数目构建误差系数。假设置信区间所识别出的巨大误差为 i 个,每个巨大误差与平滑值之间的比值为 d_i($d_i = o_i/o'_i$,其中,o_i 为实际的在线监测数据,o'_i 为该在线数据的平滑值),则巨大误差的测量指标 $r = \sum d_i$。

第四步,对指标进行归一化处理,函数映射为 $e^{-0.2\sum d_i}$,使其取值范围为 $(0,1]$。在该评价系数下,巨大误差的数目越多,与平滑值之间的距离越大,测度指标的值越小。

4.3　在线监测数据可用性评价指标构建

利用信号分解的相关理论,我们实现了对在线数据的系统趋势、随机波动及巨幅跳变的相互分离,并对巨大误差、随机误差与系统误差进行了量化处理。在数据可靠性分析的过程中,首先,我们关注在线数据的系统误差,即在线数据与带电数据的趋势相关性,趋势相关性较低说明在线装置存在不确定的系统误差,不能使用。其次,在系统误差较小的情况下,我们需要关注在线数据的随机误差,即在线数据波动带电剧烈程度,在线数据的波动过于剧烈,说明其测量精度较低,需要进行一定的矫正。最后,在系统误差与随机误差均较小的情况下,我们考虑在线数据的巨大误差,在线数据的突变越小,其巨大误差也就越小,数据的可靠性也就越高。

根据设备在线数据误差分析结果,我们构建了在线数据可靠性评价指标,具体计算方法如下:给定设备在线数据与离线数据,利用经验模式分解技术对在线数据进行特征分解,分别得到在线数据的系统趋势序列、随机误差序列和巨大误差序列,并利用这些子序列分别对数据系统误差、随机误差、巨大误差进行评价。

系统误差:对在线监测序列进行集合经验模式分解后,提取出其中符合白噪声特征的本征模函数,得到在线监测数据的真实信号序列 S_t 与随机误差序列 N_t。其中,S_t 将作为系统误差的判别依据,并被分为两个部分来研究。一部分是在线时间序列对应时间点有带电数据的部分组成的集合,记作 O_1,对应的带电时间序列部分为 F_1;另一部分是在线时间序列对应时间点没有带电数据的部分组成的集合,记作 O_2,对应的带电时间序列部分为 F_2。记 O_1、F_1 部分对整体系统误差的影响权重为 α,O_2、F_2 部分对整体系统误差的影响权重为 $1-\alpha$,x_1、x_2 分别表示 O_1、F_1 和 O_2、F_2 两部分的系统误差,则整体的系统误差为 $x=$

$\alpha x_1 + (1-\alpha)x_2$。

对于每一部分的系统误差,我们用其序列内每两个对应点的系统误差加权之和来衡量,而每两个对应点的系统误差用这两个对应点变化的方向和幅度来衡量。变化方向相同、变化幅度相近的系统误差值大,表示两个时间序列走势相似度高;变化方向相反、变化幅度差距大的系统误差值小,表示两个时间序列走势相似度低。

对于每两个点的系统误差对整体系统误差的权重分配,我们采用了气体浓度和时间距离两个复合权重,两点的气体浓度越高,时间距离越远,权重越大。

随机误差:通过集合经验模式分解得到在线监测数据的真实信号序列 S_t 与随机误差序列 N_t,按照在线监测装置的精度要求及真实信号序列 S_t 构造了误差参考序列 N'_t,并计算序列 $m_t = S_t + N_t$ 与 $m'_t = S_t + N'_t$ 的信噪比,若序列 m_t 的信噪比大于序列 m'_t 的信噪比,说明在线装置的随机误差比实际需求小,可用性较高。

同时,考虑序列 $m_t = S_t + N_t$ 的时域特征,利用矩形窗函数对 m_t 与 m'_t 每个时间点上的信噪比进行估算,设在线监测序列的时间点总数为 n,数据可用(随机误差小于实际需求值)的时间点为 n_a,则在线监测装置随机误差的评价系数 $y = n_a/n$。

巨大误差:巨大误差的量化主要基于 Turkey 53H,并在 Turkey 53H 基础上进行一定的延伸。具体做法是:假设 Turkey 53H 所识别出的巨大误差为 i 个,每个巨大误差与平滑值之间的比值为 d_i($d_i = o_i/o'_i$,其中,o_i 为实际的在线监测数据,o'_i 为该在线数据的 Turkey 平滑值),则巨大误差的测量指标 $r = \sum d_i$。之后,我们对指标进行了归一化处理,函数映射为 $e^{-0.2\sum d_i}$,使其取值范围为 $(0,1]$,巨大误差的数目越多,与平滑值之间的距离越大,测度指标的值越小。

根据上述系统误差、随机误差与巨大误差的计算结果,设备状态的在线监测数据可靠性系数 ρ 可由下式计算:

$$\rho = ax^b y^{(1-b)} + (1-a)r。$$

其中,x 为在线监测装置系统误差系数,y 为在线监测装置随机误差系数,r 为在线监测装置巨大误差系数。与现有方法相比,本章提出方法的创新性在于:

根据电力设备在线监测的实际问题,提炼总结出了衡量在线数据和带电数据时间序列的趋势一致性的方法;对不同数据类型的数据集进行了区分对待,并且考虑了气体浓度和时间间隔对在线数据与带电数据趋势的权重影响。

4.4 在线与离线多源数据融合的在线数据矫正方法

现阶段设备状态监测主要依靠传感器收集到的在线数据与人工采集的离线数据实现。设备在线数据具有动态、实时与采样成本低等优点,但准确性较低;离线数据的测量结果准确,但采样成本过高。考虑到设备状态监测在实时性与准确性方面的需求,有必要结合数据融合技术,开展设备在线与离线数据融合矫正方法,提高设备状态监测的准确性。

4.4.1 基于贝叶斯时空模型的在线与离线数据融合矫正方法

数据融合技术需要对不同的数据进行优势互补,突破数据自身的局限,此类技术在其他领域的应用十分广泛。例如,卫星数据与地面数据归并技术就是一种典型的数据融合方法。所谓的卫星数据与地面数据归并技术,是指将卫星的覆盖范围较广的实时观测数据与地面覆盖范围很小的人工测量数据相互融合的统计方法。在线数据与离线数据融合方法的主要思路是,利用在时间维度上较为稀疏的离线数据估计设备状态指标的变化趋势,根据趋势信息对在线数据进行修正,利用修正数据对离线数据在时间维度上的缺失值进行填补(Lin and Wang,2011)。以卫星数据融合为例,此类方法实施步骤可以概括为:

①设地面数据观测序列为 O,卫星数据观测序列为 S,卫星数据与地面数据相互匹配的数据序列为 S^o,计算卫星数据的系统偏差比值 $R = S^o / O$。

②对所得的系统偏差比值进行插值处理,得到覆盖全部观测范围的系统偏差比值 R^s,并利用 R^s 对卫星数据进行修正,得到修正后的卫星数据 S'。

③对地面数据进行插值处理,得到与卫星数据覆盖范围相同的序列 O'。对 S' 与 O' 进行加权,即可得到归并后的融合数据。

上述方法通过插值和数据归并的方式实现在线与离线数据融合,主要考虑两种数据的空间分布状态。然而在电力设备状态监测情景中,数据融合分析不能仅考虑数据的空间特征,时间特征对融合结果的准确性也有重要的影响,因此现有方法在解决设备状态监测的实际问题中仍存在一定的不足。为此,本章提出了一种基于贝叶斯时空模型的在线与离线数据融合矫正方法。

首先是数据预处理。设备在线数据以固定时间间隔采集,同一间隔内有多个数据的取平均数,没有数据的用线性插值代替;离线数据以相同时间间隔采集,同一间隔内有多个数据的取平均数,没有数据的用线性插值代替。

然后,我们需要建立针对在线监测数据与带电检测数据的贝叶斯分层模型,其具体形式如下:

$$\begin{cases} Y \mid \beta, \Sigma \sim N(Z\beta, I_n \otimes \Sigma), \\ \beta \mid \Sigma, \beta_0, \sim N(\beta, F^{-1} \otimes \Sigma), \\ \Sigma \sim \text{GIW}(\theta, \delta)_{\circ} \end{cases}$$

其中,Y 为模型的因变量。设在线监测数据为具有完整观测值的随机向量 Y^o,带电检测数为具有大量缺失值的随机向量 Y^f,随机向量 $Y = [Y^o, Y^f]$ 服从均值为 $Z\beta$、方差为 $I_n \otimes \Sigma$ 的正态分布。Z 为傅里叶变换参数,用于刻画融合数据的波动性;参数向量 $\beta = [\beta^o, \beta^f]$,服从均值为 β_0、方差为 $F^{-1} \otimes \Sigma$ 的正态分布。

对于参数向量 Σ,其分解形式如下:

$$\Sigma = \begin{bmatrix} \Sigma^{[f,f]} & \Sigma^{[f,o]} \\ \Sigma^{[o,f]} & \Sigma^{[o,o]} \end{bmatrix}_{\circ}$$

参数向量 Σ 服从均值为 Θ、方差为 δ 的 GIW 分布,展开形式如下:

$$\tau_f = (\Sigma^{[o,o]})^{-1} \Sigma^{[o,f]},$$
$$\Gamma_f = \Sigma^{[f,f]} - \Sigma^{[f,o]} (\Sigma^{[o,o]})^{-1} \Sigma^{[o,f]},$$
$$\Gamma_o = \Sigma^{[o,o]}_{\circ}$$

其中,随机向量 τ_f、Γ_f 与 Γ_o 的分布情况如下:

$$\begin{cases} \tau_f \mid \Gamma_f \sim N(\tau_0, H_0 \otimes \Gamma_f), \\ \Gamma_f \sim \text{GIW}(\Lambda_f \Omega, \delta_f), \\ \Gamma_o \sim \text{GIW}(\Lambda_o \Omega, \delta_o)_{\circ} \end{cases}$$

设 $\Theta=\{\Omega,\tau_0,H_0,\Lambda_f,\Lambda_0\}$，$\delta=\{\delta_f,\delta_0\}$，则 β_0、F^{-1}、Θ、δ 均为超参数，记为 $\mathcal{H}=\{F^{-1},\beta_0,\Theta,\delta\}$。上述随机向量及参数向量构成了在线数据与带电数据融合模型的主要框架。

建立好相应的数据模型后，我们需要对模型的参数进行估计。由于模型中随机向量 Y^f（带电检测序列）存在大量的缺失数据，我们采用 E-M(expectation-maximization)算法对模型进行相应的估计。E-M 算法是一个用于估计缺失数据和潜变量的常用方法，分为 e-step(expectation)和 m-step(maximization)两部分，具体过程如下。

(1)e-step

根据最大似然估计法，模型的似然函数 Q 为：

$$Q(\mathcal{H})=\sum \ln p(Y,\beta,\Sigma\mid\mathcal{H})。$$

当 Y 的观测值已知时，可以最大化上述似然函数，从而求得超参数 $\mathcal{H}$ 的值，然而现实情况下，Y 部分已知（在线监测数据 Y^o 已知，带电检测数据 Y^f 部分已知），因此，将已知的部分（在线监测特征气体-时间序列的全部观测值和已知的带电检测特征气体-时间序列的观测值）设为 D，并赋予超参数向量 $\mathcal{H}$ 一个值，即 $\mathcal{H}_0$。根据已知数据 D 和参数向量 $\mathcal{H}_0$，我们可以计算得到未知数据的期望值，并利用得到的期望值构造新的似然函数：

$$Q(\mathcal{H}\mid\mathcal{H}_0)=\sum E(\ln p(Y,\beta,\Sigma\mid\mathcal{H})\mid D,\mathcal{H}_0)。$$

(2)m-step

对新的似然函数求导，最大化 $Q(\mathcal{H}\mid\mathcal{H}_0)$，得到超参数值 $\mathcal{H}_0'$，将 $\mathcal{H}_0'$ 作为新的 $\mathcal{H}_0$ 代入 e-step，直到似然函数值 Q 收敛，即得到存在大量缺失的带电数据情况下的超参数 $\mathcal{H}$。

估计出贝叶斯分层模型的超参数 $\mathcal{H}$ 后，我们得到了参数向量 $\beta=[\beta^o,\beta^f]$ 的分布情况。同时，为了更好地刻画数据的波动情况，我们对 β 进行相应的正交变换，乘以正交向量 Z，最终估计出了均值为 $Z\beta^f$ 的含有大量缺失值的带电数据随机向量 Y^f，其中，参数 β^f 含有在线检测数据 Y^o 的部分信息。通常情况下，我们选择参数 $Z\beta^f$ 的均值作为缺失数据的替代值，形成在线监测数据与带电检测数据融合矫正后的变压器运行数据。

4.4.2　基于人工神经网络的在线与离线数据融合矫正方法

人工神经网络是一种多层前馈网络,网络结构包括输入层、隐层、输出层三个部分。输入层用于输入数据,当前情景下,该网络的输入数据为系统趋势序列 $O_s^f(t)$。隐层由多个不可观测节点组成,每个节点用 $h_i(t)$ 表示,对应的数值由权重 w_{1i}、b_{1i} 及函数 $f(x) = 1/(1 - e^{-x})$ 计算得出,即 $h_i(t) = f(w_{1i}O_s^f(t) + b_{1i})$。输出层用于输出模型及计算结果,用 $f'(t)$ 表示。该网络的计算结果由隐层节点的数值 $h_i(t)$ 及权重 w_{2i}、b_{2i} 计算得出,即 $f'(t) = (\sum^i)w_{2i} \times h_i(t) + b_{2i}$。人工神经网络通过对比输出结果 $f'(t)$ 与真实的带电检测数据 $f(t)$,不断调整权重 w_{1i}、b_{1i}、w_{2i}、b_{2i},从而达到量化 $O_s^f(t)$ 与 $f(t)$ 之间对应关系的目的,具体步骤如下。

第一步,对人工神经网络进行初始化处理,对于输入层和输出层,将 $O_s^f(t)$ 和 $f(t)$ 归一化,使得两者的数值在 $[-1, 1]$ 内。同时,在 $[-1, 1]$ 内随机赋予权重 w_{1i}、b_{1i}、w_{2i}、b_{2i} 一个初始值,并给定学习速率 θ 和最大学习次数 M。

第二步,选取第一个时间点 t_1 上的输入数据 $O_s^f(t_1)$ 及期望输出 $f(t_1)$,计算网络中 $h_i(t_1)$ 与 $f'(t_1)$ 的具体数值,并计算期望输出与实际输出的误差 $e(t_1) = |f(t_1) - f'(t_1)|$。

第三步,利用梯度下降法对权重 w_{1i}、b_{1i}、w_{2i}、b_{2i} 进行更新,得到更新权重 $w_{1i}{}'$、$b_{1i}{}'$、$w_{2i}{}'$、$b_{2i}{}'$,具体计算方法为:

$$w_{2i}{}' = w_{2i} + \theta e(t_1)h_i(t_1),$$
$$b'_{2i} = b_{2i} + \theta e(t_1),$$
$$w'_{1i} = w_{1i} + \theta e(t_1)h_i(t_1)[(1 - h_i(t_1)]O_s^f(t_1)w_{2i}{}',$$
$$b'_{1i} = b_{1i} + \theta e(t_1)h_i(t_1)[1 - h_i(t_1)]w_{2i}{}'。$$

第四步,重复第二步和第三步,逐一选取 $O_s^f(t)$ 与 $f(t)$ 所有时间点上的数据,得到误差序列 $e(t)$ 以及全局误差 $E = \sum^j e(t_j)$,令迭代次数 $m = m + 1$。

第五步,重复第四步,直到迭代次数 $m = M$ 为止,此时权重 w_{1i}、b_{1i}、w_{2i}、b_{2i} 的值组成了经过训练的人工神经网络,$e(t)$ 即为矫正在线数据所需的误差序列。

利用变压器油中溶解气体的带电检测技术,获取设备在一定时间范围内时间间隔较长且不固定的特征气体含量数据,作为该设备的带电检测数据,记为 $f(t)$。同时,利用变压器油中溶解气体的在线监测装置获取设备在相同时间范围内时间间隔较短且固定的特征气体含量数据,作为该设备的在线监测数据,记为 $O(t)$。采用 EEMD 方法将在线监测数据 $O(t)$ 分为系统趋势序列 $O_s(t)$ 和随机波动序列 $O_u(t)$ 两个部分,即 $O(t) = O_s(t) + O_u(t)$。将在线监测数据 $O(t) = O_s(t) + O_u(t)$ 与带电检测数据 $f(t)$ 的时间点逐一对应,并找出系统趋势序列 $O_s(t)$ 中与带电检测数据 $f(t)$ 相对应的数据点序列 $O_s^f(t)$。将数据点序列 $O_s^f(t)$ 作为人工神经网络的输入,带电检测数据 $f(t)$ 作为人工神经网络的真值标签,对人工神经网络进行训练,得到矫正模型以及真值标签与真实输出值的误差序列 $e(t)$。将在线监测数据的系统趋势序列 $O_s(t)$ 输入矫正模型中,经矫正模型计算得到系统趋势序列 $O_s(t)$ 的矫正序列 $O_s'(t)$。对误差序列 $e(t)$ 进行线性插值处理,得到时间间隔与在线监测数据 $O(t)$ 相同且时间点相对应的误差序列 $e'(t)$,在线监测数据 $O(t)$ 的矫正数据 $O'(t)$ 由公式 $O'(t) = O_s'(t) + O_u(t) + e'(t)$ 计算得到。

4.5 变压器油色谱在线数据可用性评价应用实例

国家电网从 2008 年左右开始以停电试验为主的状态检修,历经 10 多年的发展,在状态信息搜集、设备状态评价模型搭建和运维检修策略制定等方面都形成了规范的模式,在保证设备稳定运行、降低人力成本方面发挥了巨大作用。国网××省电力有限公司以国家电网有限公司电力设备状态监测系统相关标准规范为依据,开展了状态监测装置规模化的工程实践,取得了良好的效益。目前,该省电网已基本实现电力设备状态监测标准化安装全覆盖,累计在 1468 座变电站和 3749 条输电线路分别安装了 9637 套和 6182 套状态监测装置,覆盖了交流 110～1000 千伏、直流±800 千伏电压等级。状态监测系统在提前发现设备缺陷和避免设备故障、延长设备检修周期、提升应急指挥和故障抢修能力、提高电网安全运行水平等方面的成效已全面显现。从该电力有限公司具体情况来看,大量带电检测和在线监测设备已经装备在系统中,并运行了几年的时间,积累了大量的检测和监测数据,为大数据分析奠定了坚实基础。

大数据技术在电网中的应用研究还处于起步阶段,大数据技术在电网设备运维中还处于起步阶段,虽有部分典型应用场景,但对现有运检方式的整体指导性有待进一步提升。部分模型计算结果也有待进一步验证。现阶段,随着供电可靠性、电网规模与运检人员配置的矛盾日益突出,一些设备性能感知的关键盲区还没有取得突破,如何利用数据技术对设备在线监测装置进行实用性分析,将现行主流的基于带电检测的设备状态评价过渡到在线数据驱动状态评价,延长带电检测周期,提升设备状态评价、现场缺陷检出和故障诊断能力显得愈发重要。

变压器设备在线监测装置可靠性实验总体技术路线见图 4-5。首先收集变压器油中溶解气体在线监测数据与带电检测数据,计算相同时间点上在线数据

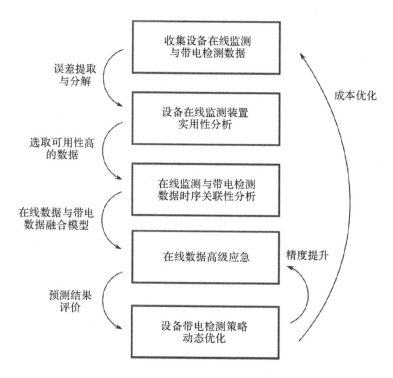

图 4-5 变压器设备在线监测装置可靠性实验总体技术路线

与带电数据之间的误差,利用误差分解技术将在线数据误差分解为系统误差、随机误差、巨大误差三个部分,开展在线监测装置实用性分析。然后在装置实用性分析的基础上,选取可用性较高的在线数据及相应带电数据开展时序关联性分析,构建在线数据与带电数据融合模型,实现在线数据高级应急。最后结合融合模型与运维检修大数据,分析带电检测策略并进行优化,提高融合数据准确度,降低带电数据检测成本。

(1)油中溶解气体在线监测装置实用性评估

国家电网公司目前已实现部分变电设备在线监测装置覆盖及关键状态量监测,积累了海量在线监测与带电检测数据。在线监测数据对设备缺陷与故障检测、提升设备抢修能力具有重要意义,然而此类数据容易受环境因素影响产生测量误差,降低设备状态评价结果的可靠性。开展在线监测装置实用性分析、提升设备状态监测与评价能力显得愈发重要。基于此,本书以变压器为例,通过变压器设备在线监测与带电检测数据的相互对比及趋势一致性分析,得到在线数据测量误差,利用误差分解技术将测量误差分为系统误差、随机误差与巨大误差三个部分,在此基础上对在线数据的精度进行科学合理的判断,构建在线监测装置实用性评价模型。

(2)在线监测与带电检测数据融合校正及高级应急

在变电设备运维工作中,设备状态量监测依靠在线监测装置与现场带电检测两种方式共同进行。在线监测数据获取成本低,能够实现设备状态量的连续监测,但此类数据误差较大,容易产生设备异常状态误报、漏报的情况。带电检测数据测量精度高,能够准确评估设备运行状态,但此类数据获取成本较高,无法实现对设备的实时监测。在双源数据监测的背景下,研究如何融合在线监测与带电检测数据,对在带电数据缺失情况下利用在线数据进行状态监测高级应急、降低设备维护成本具有重要意义。基于此,本书在在线监测装置实用性分析的基础上,通过分析两种数据的时序关联性,构建了在线数据与带电数据的融合模型。该模型首先利用贝叶斯方法估计在线数据与带电数据的分布特征及两者的相似性,然后利用期望最大迭代算法对带电数据在时间与空间维度上的缺失值进行填补,通过超参数估计的方式提取在线数据与带电数据之间的对应关系,最后在系统收到新的在线监测数据时通过贝叶斯模型对带电数据进行预测。

    ××省公司目前已经实现 220 千伏及以上电压等级变压器油中溶解气体在线监测装置全覆盖,累计包含装置 2668 套,涉及 A、B、C 等 13 个主流设备厂家,其中厂家 A、B、C 的比例最大,其装置数量均超过 400 台。现阶段在线监测装置的实用性评估仍采用实验室专家经验公式,主要指标为重复性和准确性。考虑到现场运行环境与实验室不一致,且××省电网不管是油中溶解气体在线监测数据还是带电检测数据,数量都非常大,涉及不同的生产厂家和电压等级,因此有必要结合大数据技术,开展全省油中溶解气体在线监测装置数据实用性分析,为进一步的数据分析奠定基础。根据 2014 年版的变压器故障行业标准,变压器故障主要分为过热和放电两种情况,过热和放电故障下释放的主要特征气体如表 4-1 所示。

表 4-1　变压器过热故障与放电故障的释放特征气体

故障类型	主要特征气体	次要特征气体
油过热	CH_4、C_2H_4	H_2、C_2H_6
油过热和纸过热	CH_4、C_2H_4、CO	H_2、C_2H_6、CO_2
油纸绝缘中局部放电	H_2、CH_4、CO	C_2H_4、C_2H_6、C_2H_2
油中火花放电	H_2、C_2H_2	
油中电弧	H_2、C_2H_2、C_2H_4	CH_4、C_2H_6
油和纸中电弧	H_2、C_2H_2、C_2H_4、CO	CH_4、C_2H_6、CO_2

    根据上述变压器故障类型,本章分别针对过热、放电和日常监测三种情形,给出其对应特征气体在线监测误差的综合评价。假设:$\rho_1,\rho_2,\cdots,\rho_8$ 分别表示氢气、甲烷、乙烷、乙烯、乙炔、一氧化碳、二氧化碳和总烃气体的实用性系数;$\alpha_1,\alpha_2,\cdots,\alpha_8$ 分别表示甲烷、乙烷、乙烯、乙炔、一氧化碳、二氧化碳和总烃气体的权重。综合八种气体权重后的特定故障下的在线数据实用性系数 ρ 为:

$$\rho = \sum_{i=1}^{8} \alpha_i \rho_i。$$

不同设备状态的指标权重如表 4-2 所示。

表 4-2　放电故障、过热故障与日常监测的权重分配

状态类型	H_2	CH_4	C_2H_6	C_2H_4	C_2H_2	CO	CO_2	总烃
放电故障	0.27	0.12	0.08	0.16	0.23	0.13	0.03	0
过热故障	0.08	0.32	0.08	0.32	0	0.16	0.04	0
日常监测	0.33	0	0	0	0.33	0	0	0.33

注：$\rho < 0.6$ 说明在线装置在该故障模式下不可用，$0.6 \leqslant \rho < 0.8$ 表示在线装置可用，$0.8 \leqslant \rho \leqslant 1$ 表示在线装置表现优秀。

4.5.1　分厂家设备在线监测装置可靠性分析

本章对在线装置使用量占比最大的前三家生产厂家(厂家 A、厂家 B、厂家 C)的变压器在线监测装置进行抽样评价,并对所得的放电、过热、日常监测指标进行了统计分析,样本为 50 台,具体结果如图 4-6 与图 4-7 所示。

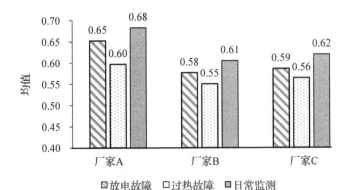

图 4-6　厂家 A、厂家 B、厂家 C 实用性指标样本均值对比

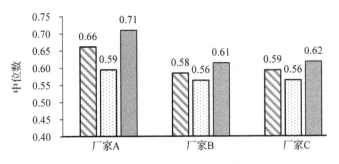

图 4-7　厂家 A、厂家 B、厂家 C 实用性指标样本中位数对比

从图 4-6、图 4-7 中可以看出：①总体来看，三个厂家的在线监测装置整体质量偏低，均位于勉强可用和不可用水平。②三个在线装置生产厂家中，厂家 A 的表现最好，三个指标的均值与中位数水平整体高于其他两家，厂家 A 生产的在线装置能够对放电故障进行一定的判别（放电故障评价指标接近 0.66），但对于过热故障的判别处于勉强可用的状态。厂家 B 与厂家 C 所生产的在线装置在过热故障和放电故障指标下均处于不可用状态，但厂家 C 略优于厂家 B。③三个厂家在过热故障的判别方面表现较差，过热故障的实用性总体低于放电故障的实用性。

4.5.2 单台设备在线监测装置可靠性分析

在对变压器在线监测设备进行整体评价的基础上，本章对样本中厂家 A、厂家 B 和厂家 C 的每一台变压器在线监测装置进行单台实用性评价。下面用厂家 A 的实用性评价系数最大与最小的变压器在线监测装置进行举例说明。

厂家 A 评价系数最小的在线监测装置对应变压器编号为 105786（日常监测指标为 0.36），其评价结果如表 4-3 所示。

表 4-3 变压器 105786 的在线监测装置评价系数

误差类型	H_2	CH_4	C_2H_6	C_2H_4	C_2H_2	CO	CO_2	总烃
系统误差	0.4716	0.6424	0.3801	0.3920	0.4122	0.7581	0.4181	0.5500
随机误差	0.0986	0.3188	0.0203	0.2464	0.2493	0.0928	0.6899	0.2348
巨大误差	0.5702	0.9253	0.0907	0.4493	0.1634	0.7184	0.9318	0.9164

该变压器在线监测装置评价系数较小的原因是随机误差评价指标较小，说明该变压器的随机波动较大。其中氢气、乙炔和总烃的计算结果如图 4-8、图 4-9 和图 4-10 所示。

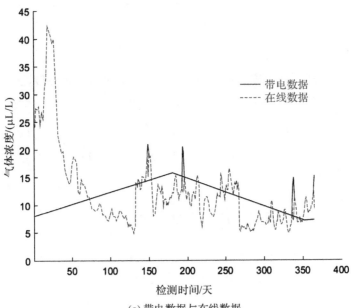

(a) 带电数据与在线数据

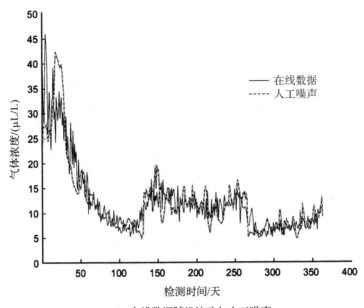

(b) 在线数据随机波动与人工噪声

图 4-8　变压器 105786 的氢气指标计算结果

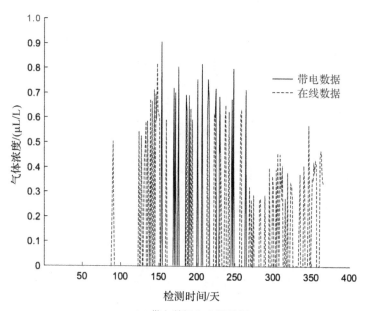

(a) 带电数据与在线数据

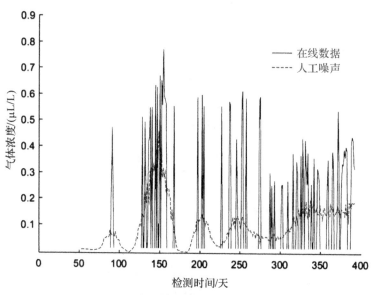

(b) 在线数据随机波动与人工噪声

图 4-9　变压器 105786 的乙炔指标计算结果

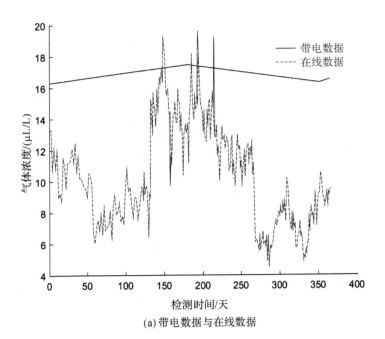

(a) 带电数据与在线数据

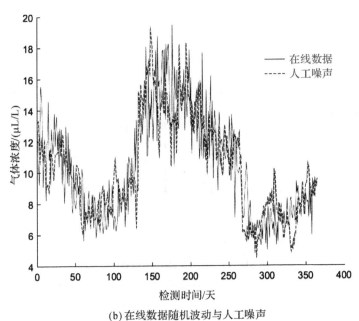

(b) 在线数据随机波动与人工噪声

图 4-10 变压器 105786 的总烃指标计算结果

从图 4-10 中可以看出,实际该变压器在线监测装置测得的数据与带电检测数据的趋势存在较严重的不一致现象,真实的随机波动也比人工的噪声序列更为剧烈,因此评价系数较小。

厂家 A 评价系数最大的在线监测装置对应变压器编号为 598470(日常监测指标为 0.85),其评价结果如表 4-4 所示。

表 4-4　变压器 598470 的在线监测装置评价系数

误差类型	H_2	CH_4	C_2H_6	C_2H_4	C_2H_2	CO	CO_2	总烃
系统误差	0.7266	0.6553	1.0000	1.0000	1.0000	0.5699	0.3969	0.6138
随机误差	1.0000	1.0000	1.0000	1.0000	1.0000	1.0000	1.0000	1.0000
巨大误差	1.0000	1.0000	1.0000	1.0000	1.0000	1.0000	1.0000	1.0000

该变压器在线监测装置的系统误差、随机误差、巨大误差评价系数均较大,说明在线数据与带电数据的趋势较为一致,随机波动较小,三种特征气体相应的计算结果如图 4-11、图 4-12 和图 4-13 所示。可以看出,该变压器的在线检测数据与带电检测数据之间存在一定的趋势一致性,且随机波动较小,符合要求。

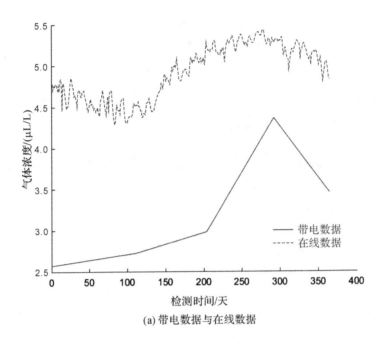

(a) 带电数据与在线数据

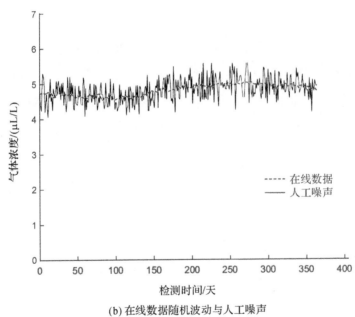

(b) 在线数据随机波动与人工噪声

图 4-11 变压器 598470 的氢气指标计算结果

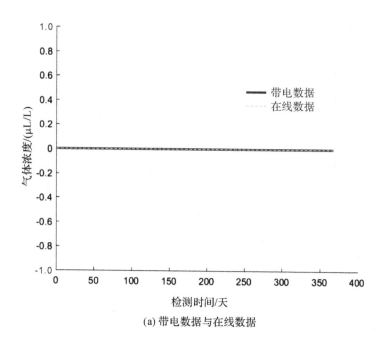

(a) 带电数据与在线数据

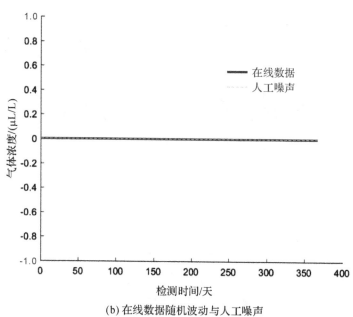

(b) 在线数据随机波动与人工噪声

图 4-12 变压器 598470 的乙炔指标计算结果

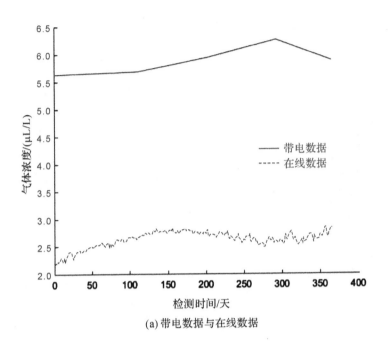

(a) 带电数据与在线数据

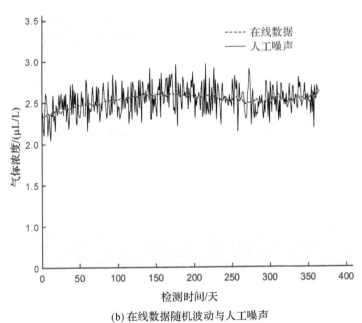

(b) 在线数据随机波动与人工噪声

图 4-13 变压器 598470 的总烃指标计算结果

4.6 某省变压器在线监测装置可靠性总体分析

本章对某省 2164 台油中溶解气体在线监测装置开展实用性分析,发现全省装置实用性分析结果集中在 0.55～0.75(0.60 为合格),有 698 台装置实用性分析不合格,约占总量的 1/3,评价如图 4-14、表 4-5 所示。

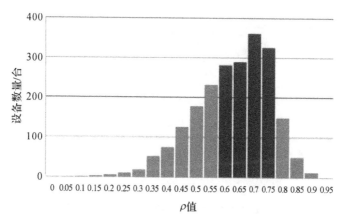

图 4-14 全省 2164 台油中溶解气体在线监测装置实用性分析结果

表 4-5 全省 2164 台油中溶解气体在线监测装置实用性分析结果

单位	优秀/台	合格/台	不合格/台	合计/台
全省	211	1255	698	2164
A市	13	129	32	174
B市	34	230	155	419
C市	17	91	51	159
D市	22	165	77	264
E市	8	102	118	228
F市	51	196	99	346

现场对部分装置开展色谱比对分析,结论与实际基本相符,以该省 A 市某变♯1 主变安装的色谱装置为例,该台装置整体实用性评价系数为 0.14,小于合格值 0.60。图 4-15 是该台色谱装置拟合后的氢气带电和停电试验数据,图 4-16 是该台色谱装置原始的氢气带电和停电试验数据。可以看出,氢气的带电检测数据稳定在 $50\mu L/L$,而在线监测数据在 $50\sim250\mu L/L$ 内波动,完全不能反映色谱的实际趋势。

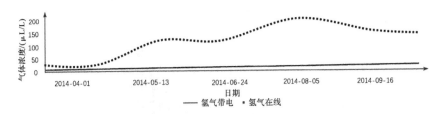

图 4-15　A 市某变氢气数据模型分析

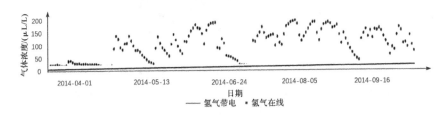

图 4-16　A 市某变氢气油色谱数据检测结果

图 4-17 和图 4-18 是该省 B 市某变♯1 主变二氧化碳气体的模型分析谱图和色谱实际测试结果(该台装置整体实用性评价系数为 0.89),可以看出该台装置的二氧化碳气体在线监测数据较好地反映了色谱的实际变化趋势。

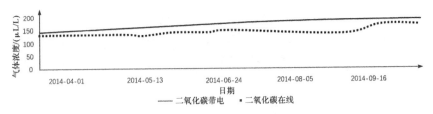

图 4-17　B 市某变二氧化碳气体数据模型分析

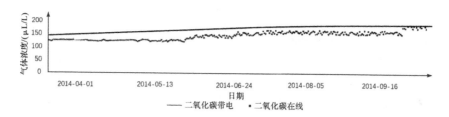

图 4.18　B 市某变二氧化碳气体数据油色谱检测结果

4.1.3　变压器在线数据与离线数据融合矫正结果

在设备在线监测装置可靠性分析的基础上,本章以可靠性系数高于 0.60
的典型设备(变压器 13008 主变)为例,对本章提出的在线与离线数据融合矫正
方法进行检验,检验对象包括氢气、甲烷和乙烯三种描述变压器健康状态的主
要特征气体,检验结果如图 4-19、图 4-20 与图 4-21 所示。

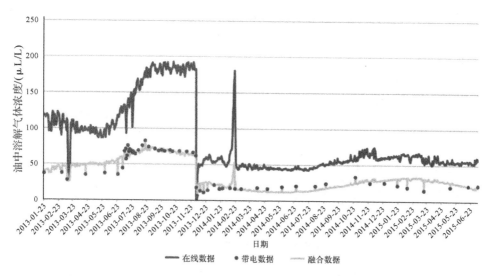

图 4-19　变压器 13008 氢气指标的在线数据、带电数据与融合数据

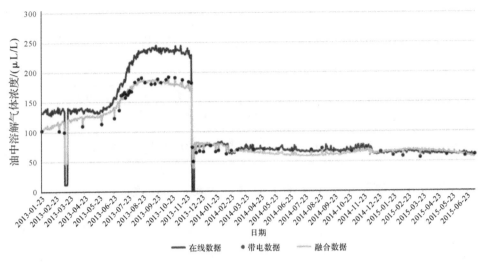

图 4-20　变压器 13008 甲烷指标的在线数据、带电数据与融合数据

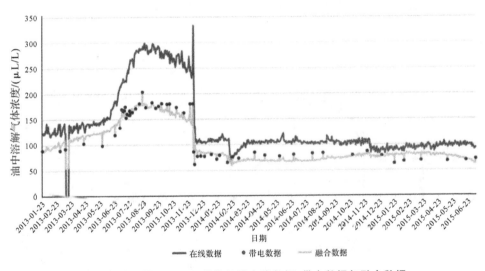

图 4-21 变压器 13008 乙烯指标的在线数据、带电数据与融合数据

如图 4-19、图 4-20 与图 4-21 所示,融合后的矫正数据与带电数据的水平相近,保证了数据的准确性,同时与在线数据的变化趋势十分接近,结合了两者的优点。该结果证明了本章提出的数据融合方法的有效性,提高了设备状态监测的准确性。

5 基于在线学习的设备个性化故障诊断

本章研究基于在线数据的设备故障在线个性化诊断方法,并以电力系统中变压器等关键设备为具体对象开展应用研究。电力设备具有结构复杂、检测成本高等特点,用采样的传统物理手段进行故障诊断需要对设备进行停电实验,影响设备附近电力输送,造成高额经济与社会成本。与传统的基于离线静态数据的设备故障诊断方法相比,基于在线数据的设备故障诊断方法通过传感器收集设备在线状态动态数据进行诊断决策,因而具有实时、动态和成本低等突出优势。然而,此类方法在实际故障决策中,往往面临设备个体差异大、诊断准确率低等问题。另外,在发挥在线监测数据的优势以实现设备的个性化故障诊断时,人们还常常面临历史故障案例不足等困难。因此,当前已有的很多基于数据的诊断方法在实际应用中往往存在故障错报、漏报等现象。为了克服这些困难和问题,本章开展面向故障小样本的设备个性化故障诊断方法研究,为数据驱动的设备可靠性管理理论拓展与应用提供支持。

5.1 数据驱动的设备故障智能诊断

随着数据资源的日益丰富与重点设备可靠性和安全性需求的日益增长,基于数据的故障诊断方法在设备健康状态实时监测与风险控制方面发挥着越来越重要的作用。电力设备在长期工作运行当中常会出现部件腐蚀、老化,导致设备局部电流增大、运行中出现故障异常等问题,造成巨额经济损失。电力设备故障诊断主要研究如何对设备故障进行判别、分离和定位,即评价设备是否处于故障状态,确定故障发生的时间和类型,定位故障发生的部位(周东华和胡艳艳,2009)。本章关注故障诊断中的故障判别问题,研究如何利用电力设备状态的监测数据,判断设备是否处于故障状态。虽然本章有关的理论与方法是以电力设备为应用背景介绍的,但这些方法可以比较容易地拓展和应用到交通机械设备、化工设备等其他类别的设备巡检管理中。

基于数据的故障诊断指利用相关统计模型与机器学习方法,从设备历史数据中提取故障设备数据的统计特征与故障模式,通过比较设备运行特征与所提取的故障模式进行故障决策的方法(Soualhi et al.,2016)。过去数十年中,很多有价值的基于数据的故障诊断方法被众多学者提出,包括偏最小二乘回归方法(Yin et al.,2014)、主成分分析方法(Misra et al.,2002;Wang et al.,2008)、隐马尔可夫模型(Sammaknejad et al.,2015;Afzal et al.,2017)、支持向量机模型(Konar and Chattopadhyay,2011)、人工神经网络模型(Bin et al.,2012)等。这些方法由于其准确性、可靠性在工业系统中得到了广泛的应用。但在实际使用中,很多方法仍存在一定的局限性,具体表现在以下两个方面。

第一,缺少足够的故障样本。设备故障的发生在现实中通常是一个小概率事件,设备故障样本的数量往往远小于正常样本的数量。当设备故障样本不足时,很多现有的方法难以准确地提取故障的统计特征和故障模式,从而导致故障诊断决策的偏差。

第二,忽视设备的个性化特征。现有方法一般通过提取设备历史数据的统计特征来实现故障诊断。然而对于具体的设备个体而言,其故障的发生不仅取决于从历史数据中提取的统计特征,还与该设备的个性化运行历史与运行环境有关。设备的个性化特征也应当被纳入其故障诊断决策。

目前,国内外已有一些研究关注如何解决故障样本不足的问题。一些研究者尝试对主成分分析与支持向量机两种模型进行组合,通过组合决策的方式修正缺乏故障样本导致的决策偏差(Bo et al.,2010;Grbovic et al.,2013)。当设备故障样本数量较少时,模型通过主成分分析方法比较待诊断设备与正常样本之间的偏离程度以进行故障诊断决策;当故障样本不断积累逐渐增多时,模型通过支持向量机分类模型进行故障诊断决策。然而,此类方法仅考虑了两种模型诊断结果的简单组合,没有对两种模型理论层面的互补性进行深入研究,因此难以将组合方法推广到其他基于数据的故障诊断决策模型中。Dong et al.(2017)提出了一种在线自适应故障诊断方法。在缺乏历史数据的情况下,该方法通过自适应学习的方式从待测设备在线监测数据中提取运行特征与故障模式,提高故障诊断的准确率。然而,该方法的计算复杂度与监测数据维度呈指数增长关系,难以应用到高维数据监测及故障诊断问题中。

针对现有方法存在的局限性,本章提出了一种基于个性化参数的在线学习方法,以解决故障样本不足的设备故障诊断决策问题。该方法利用隐马尔可夫模型,从设备正常样本与故障样本中提取设备正常模式和故障模式,在提取结果的基础上分别建立监督式与非监督式故障学习模型,通过两种模型相组合的方式解决故障样本不足问题。在组合模型中,本章为每台设备定义了个性化决策参数,用于描述设备的个性化运行特征对故障诊断决策的影响。同时,本章提出了基于个性化参数的在线学习方法,利用待测设备的实时监测数据进行参数的动态更新,以持续提高设备故障诊断的准确率。相关理论分析证明与实际应用测试结果验证了所提出的故障诊断方法的有效性和准确性。

5.2 非均衡样本问题与冷启动故障诊断方法

假设有 M 台相同类型的设备,每台设备的运行状态由 K 种状态指标描述。每台设备装有 K 个在线传感器,每个传感器以相同时间间隔采集设备运行状态指标的监测数据。设在线传感器的采样时间间隔为 1,每台设备的监测时长为 T。对于第 $m(m=1,2,\cdots,M)$ 台设备,将设备状态指标在 $\tau(\tau=1,2,\cdots,T)$ 时刻的监测数据记为 K 维向量 $X_m(\tau)$。设备在 $\tau(\tau=1,2,\cdots,T)$ 时刻的健康状态记为 $C_m^X(\tau)=\{-1,1\}$。其中,1 代表设备处在正常状态,-1 代表设备处在故障状态。

为建立设备的故障诊断模型,本章从 M 台设备中分别收集时间跨度为 T

的监测数据,构建 M 个设备监测的历史样本。历史样本分为故障样本与正常样本两种类型。对于第 m 台设备,若设备在 T 时刻处于故障状态,则将收集到的样本称为故障样本,记为 $E_m^F = \{X_m(1), X_m(2), \cdots, X_m(T), C_m^X(T)\}$。$C_m^X(1), C_m^X(2), \cdots, C_m^X(T-1)$ 可以为正常状态,也可以为故障状态。若设备在 T 时刻处于正常状态,我们将收集到的样本称为正常样本,记为 $E_m^N = \{X_m(1), X_m(2), \cdots, X_m(T), C_m^X(T)\}$,此时,$C_m^X(1), C_m^X(2), \cdots, C_m^X(T-1)$ 均为正常状态。

给定设备历史样本 E_m^N 和 E_m^F。设备的动态故障诊断问题指利用待测设备在 $t=T+1, T+2, \cdots, \Gamma$ 时刻的实时监测数据,评估设备每一时刻的健康状态,并判断待测设备是否发生故障。假设有 N 台待测设备,对于第 $n(n=1,2,\cdots,N)$ 台设备,本章将设备状态指标在 $t(t=T+1, T+2, \cdots, \Gamma)$ 时刻的监测数据记为 K 维向量 $Y_n(t)$。设备在 t 时刻的健康状态记为 $C_n^Y(t)=\{-1,1\}$。监测数据 $Y_n(t)$ 与健康状态 $C_n^Y(t)$ 组成的集合称为设备在 t 时刻的测试样本,记为 $D_n(t) = \{Y_n(t-T+1), Y_n(t-T+2), \cdots, Y_n(t), C_n^Y(t)\}, n=1,2,\cdots,N$。设备健康状态 $C_n^Y(t-T+1), C_n^Y(t-T+2), \cdots, C_n^Y(t)$ 在不同时刻可以是不同的。考虑到待测设备的故障诊断是在 $t=T+1, T+2, \cdots, \Gamma$ 时刻不断进行的,我们将健康状态 $C_n^Y(t)$ 加入测试样本的定义,用于实时评价设备故障诊断误差并实现设备的个性化决策参数(个性化决策参数将在后面详细说明)。本章将能够通过设备实时监测数据不断更新决策参数和提升故障诊断准确率的方法称为动态故障诊断方法。

设备的故障诊断方法包括非监督式方法与监督式方法两种类型。

非监督式方法从正常样本中提取设备的正常模式。当待测设备的运行状态与所提取的正常模式偏差较大时,将设备判别为故障状态。设备的正常模式指正常样本中具有一般性、重复性与可识别的统计特征和规律。这些特征和规律可以通过统计或机器学习模型从正常样本中提取。这里用符号 Ψ^N 表示设备的正常模式。

监督式方法以分类器的形式分别从正常样本与故障样本中提取设备的正常模式和故障模式。当待测设备的预先状态与故障模式更为接近时,将设备判别为故障状态。设备故障模式指故障样本中具有一般性、重复性与可识别的统计特征和规律。这里用符号 Ψ^F 表示设备的故障模式。

本章提出的设备冷启动故障诊断模型主要包括离线建模、组合决策、在线学习三个步骤(俞鸿涛,2021),如图 5-1 所示。

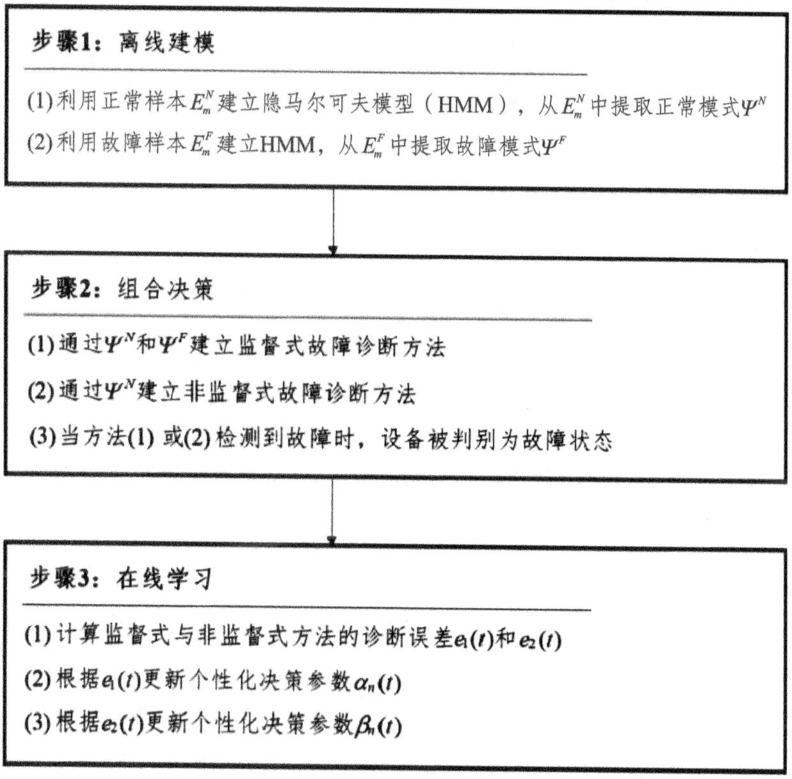

步骤1：离线建模

(1) 利用正常样本 E_m^N 建立隐马尔可夫模型（HMM），从 E_m^N 中提取正常模式 Ψ^N

(2) 利用故障样本 E_m^F 建立HMM，从 E_m^F 中提取故障模式 Ψ^F

步骤2：组合决策

(1) 通过 Ψ^N 和 Ψ^F 建立监督式故障诊断方法

(2) 通过 Ψ^N 建立非监督式故障诊断方法

(3) 当方法(1) 或(2) 检测到故障时，设备被判别为故障状态

步骤3：在线学习

(1) 计算监督式与非监督式方法的诊断误差 $e_1(t)$ 和 $e_2(t)$

(2) 根据 $e_1(t)$ 更新个性化决策参数 $\alpha_n(t)$

(3) 根据 $e_2(t)$ 更新个性化决策参数 $\beta_n(t)$

图 5-1 冷启动故障诊断模型总体结构

①离线建模:利用设备正常样本 E_m^N 与故障样本 E_m^F 分别建立两个隐马尔可夫模型,提取设备的正常模式 Ψ^N 与故障模式 Ψ^F。

②组合决策:考虑到设备故障样本的数量通常远小于正常样本,本章利用所提取的正常与故障模式分别建立监督式和非监督式故障诊断方法,并将这两种方法相组合,以提高故障诊断的准确性。

③在线学习:在监督式与非监督式方法中,本章分别定义设备个性化决策参数 $\alpha_n(t)$ 和 $\beta_n(t)$。$\alpha_n(t)$ 代表监督式故障诊断中,待测设备与正常模式 Ψ^N 和故障模式 Ψ^F 之间似然度差值的阈值;$\beta_n(t)$ 代表非监督式故障诊断中,待测设

备与正常模式 Ψ^N 之间似然度的阈值。个性化决策参数 $\alpha_n(t)$、$\beta_n(t)$ 由诊断误差函数 $e_1(t)$、$e_2(t)$ 进行评价。$\alpha_n(t)$ 和 $\beta_n(t)$ 的数值对于不同的待测设备是不同的,它们会通过在线学习的方式根据待测设备的诊断误差进行动态更新,不断提高故障诊断的准确性。

设备故障诊断方法的准确性通常由诊断决策的准确率与召回率两种指标进行评价。准确率指在所有诊断结果为故障的设备中,真实健康状态为故障的概率;召回率指在所有真实健康状态为故障的设备中,诊断结果为故障的概率。假设待测设备在 t 时刻的健康状态为 $C_n^Y(t)$,设备的故障诊断结果为 $\hat{C}_n^Y(t)$,则诊断方法的准确率与召回率的定义为:

$$准确率 = P(C_n^Y(t) = -1 \mid \hat{C}_n^Y(t) = -1) \tag{5-1}$$

$$召回率 = P(\hat{C}_n^Y(t) = -1 \mid C_n^Y(t) = -1) \tag{5-2}$$

5.3　高斯混合模型与隐马尔可夫模型

5.3.1　高斯混合模型

当设备故障的判别大多来自工作人员的实地经验,故障案例本身没有明确的标签时,非监督式的学习方法(聚类方法)更适合于设备健康状态的特征模式提取。与主流方法相比,高斯混合模型的"可读性"更强,在处理各类尺寸不同、聚类间有相关关系的问题时更具优势。因此,本章利用高斯混合模型对设备的故障案例数据进行静态特征提取。

高斯混合模型忽略了设备的状态特征监测数据的时间因素,将每条监测数据作为单一样本,并利用多个高斯概率密度函数(正态分布曲线)来量化状态特征监测数据的分布状态。也就是说,高斯混合模型将总体数据分解为若干个高斯概率密度函数(正态分布曲线)的加和形式,每一个高斯密度函数即为总体的一个"特征"。在设备的现实情景下,样本集中的状态特征监测数据在各种状态特征监测指标之间的分布情况将由健康、亚健康、故障异常三种判别结果组成,每种判别结果服从多维的正态分布。高斯混合模型的目标即为将总体气体数据分为三种判别结果,估计出每种判别结果的均值和方差,将其作为设备故障的静态提取出来。

根据高斯混合模型,对于设备的某种故障类型(如变压器高温过热故障),假定该故障类型可以由健康、亚健康、故障异常三种判别结果状态来描述(分别用 $i=1,2,3$ 来表示,1 为健康,2 为亚健康,3 为故障异常),每种判别结果状态的监测数据服从均值为 μ_i、协方差矩阵为 Σ_i 的多维正态分布,概率密度函数为 ϕ_i。则该种故障类型在多个特征监测指标之间的联合概率分布密度函数可由下式表示:

$$p(X_1, X_2, \cdots, X_k) = \sum_{i=1}^{3} \pi_i \phi_i (X_1, X_2, \cdots, X_k \mid \mu_i, \Sigma_i)。$$

其中,X_k 表示某种特征监测指标,k 表示特征监测指标种类数目,π_i 为每种状态在故障类型中所占权重。

高斯混合模型的形式比较简单。该模型的难点集中在参数估计方面,也就是说,我们需要在样本的健康状态未知的情况下对上述模型进行参数估计。目前,在高斯混合模型的参数估计方法中,E-M(expectation-maximization)算法是最为常用的一种方法。E-M 算法在缺失数据情况下往往具有较好的表现,同时在聚类分析方面也有广泛的应用。因此,本章主要使用 E-M 算法对上述模型的参数进行估计。该方法的具体原理可以概括如下:

①对于设备健康状态未知的情况,我们可以先人工赋予参数一个初始值($\mu_i = \mu_i^0, \Sigma_i = \Sigma_i^0, \pi_i = \pi_i^0$),并利用这些初始值对样本进行分类,将样本分为健康、亚健康和故障异常三个部分,得到在该种参数下缺失变量(健康状态)的期望值。

②得到期望值后,E-M 算法利用最大似然估计对模型中的参数进行重新估计,计算出在该种期望值下参数的更新值($\mu_i = \mu_i{}', \Sigma_i = \Sigma i, \pi_i = \pi_i{}'$)。对参数进行更新后,我们又可以对缺失变量(健康状态)进行新的计算。

E-M 算法不断重复上述过程,直到最大似然估计方法中的似然值收敛,此时可以得到参数的最优值($\mu_i = \mu_i^*, \Sigma_i = \Sigma_i^*, \pi_i = \pi_i^*$)。

相关研究已经证实,在概率密度函数属于指数分布族的条件下,E-M 算法具有收敛性质,利用 E-M 算法对高斯混合模型进行估计是可行的。

上述 E-M 算法的原理中,计算缺失变量(健康状态)期望值的过程通常称为 e-step,利用最大似然估计更新参数值的过程通常称为 m-step。值得注意的是,E-M 算法本质上是非凸的,容易陷入局部最优解。因此,参数初始值的选取对该算法而言十分重要。在实际计算的过程中通常选择用 k-means 聚类方法对初始值进行测算,进而提高 E-M 算法的估计精度。

利用 E-M 算法对高斯混合模型参数进行估计的具体步骤如下。

步骤一:赋予模型中各参数一个合理的初始值,$\mu_i = \mu_i^0$,$\Sigma_i = \Sigma_i^0$,$\pi_i = \pi_i^0$(初始值的确立通常利用 k-means 算法进行)。

步骤二(e-step):对于故障案例中每一个样本 $x_n = (x_1, x_2, \cdots, x_k)'$,计算出故障案例中该样本属于第 i 种健康状态的概率 $\pi_n(i)$,

$$\pi_n(i) = \frac{\pi_i \phi_i(x_1, x_2, \cdots, x_k \mid \mu_i, \Sigma_i)}{\sum_{j=1}^{3} \pi_j \phi_j(x_1, x_2, \cdots, x_k \mid \mu_i, \Sigma_i)}。$$

步骤三(m-step):利用最大似然估计方法、样本及其对应的状态概率,对 μ_i、Σ_i、π_i 等参数进行更新。具体方法如下。

①高斯混合模型的最大似然函数为:$\max L = \sum_{n=1}^{N} \ln \left[\sum_{i=1}^{3} \pi_i \phi_i(x_n \mid \mu_i, \Sigma_i) \right]$

②将样本 x_n 对应的状态概率 $p_n(i)$ 代入,并对最大似然函数求导,得到各参数更新结果:

$$\mu_i' = \frac{1}{N} \sum_{n=1}^{N} \pi_n(i) x_n,$$

$$\Sigma_i = \frac{1}{N} \sum_{n=1}^{N} \pi_n(i) x_n' x_n,$$

$$\pi'_i = \frac{1}{N} \sum_{n=1}^{N} \pi_n(i)。$$

步骤四:将步骤三中的参数更新值 μ_i'、Σ_i、π'_i 作为步骤二中的新的初始值,不断重复步骤二与步骤三,直至步骤三中的似然函数值 L 收敛,得到参数的最优结果 μ_i^*、Σ_i^*、π_i^*。

利用 E-M 算法,高斯混合模型完成了相应的参数估计,得到了样本库中每个样本所对应的健康状态,进而得出了设备特定故障类型的三种静态特征的分布情况(服从均值为 μ_i^*、协方差矩阵为 Σ_i^* 的多维正态分布)。到此为止,我们已经完成了设备故障案例静态特征提取工作。接下来的主要工作是利用隐马尔可夫模型将上述静态特征转化为动态特征。

5.3.2 隐马尔可夫模型

上文利用高斯混合模型对设备的气体数据进行了聚类分析,得到了相应的静态特征。由于设备的特征监测指标数据是随时间变化的,忽略时间因素显然浪费了过多的信息。因此,我们需要找到相应的时序模型来刻画设备气体指标的变化情况,将静态特征转化为动态特征。

在时序模型的选取方面,由于隐马尔可夫模型与设备动态预警问题十分契合,本章选择隐马尔可夫模型对设备的健康状态进行描述。基于隐马尔可夫模型的设备故障预警模型如图 5-2 所示。该模型将事物主体分为隐性和显性两个部分,隐性部分用于描述事物本身的、无法观测的状态,显性部分则作为这些状态的可观测的具体指标。设备故障预警问题具有类似的性质:一方面,设备的健康状态即为一种隐性状态,在无法对设备进行解体的情况下,其健康状态无法准确测量;另一方面,设备的状态特征监测数据(如油浸式变压器的油中溶解气体浓度)则为这些隐性状态的显性表现,维修人员可以通过状态特征监测数据(油中溶解气体的浓度)及其变化与增长速度等显性指标对设备的健康状态进行基本的判断。另外,将隐马尔可夫模型于用于故障诊断已有充分的理论基础,相关学者进行了大量的研究。这些研究对我们而言具有很强的借鉴意义。

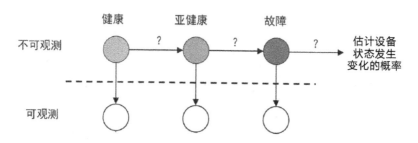

图 5-2　基于隐马尔可夫模型的设备故障预警模型

隐马尔可夫过程利用状态转移的形式对动态的随机过程进行描述,它将设备的状态特征监测数据的动态演化过程分为两个部分:一个是静态部分,即在当前设备状态下各种特征数据的具体表现;另一个是转移概率,即下一时刻设备状态发生转变的概率。因此,在隐马尔可夫模型中,设备故障案例的动态特征隐马尔可夫模型由三种参数描述,即 $\lambda=(\pi,A,B)$;第一种是初始状态的概率分布 π,用于描述设备在初始情况下的健康状态;第二种是设备健康状态的转移矩阵 A,用于描述隐性节点的转移概率;第三种是设备特征气体的概率分布矩阵 B,用于描述每种健康状态所对应的不同的气体特征。

基于 HMM 的设备故障预警模型需要根据已有的多组观察序列将静态特征转化为动态特征。也就是说,该模型需要利用已有的先验信息和状态特征监测数据对模型参数进行合理估计,该过程又被称为学习过程。在以往的文献中,研究者们通常使用 Baum-Welch 算法和 E-M 算法对模型的参数进行估计,而 Baum-Welch 算法是 E-M 算法的一种特例,因此可以利用 E-M 算法的主要思想对 Baum-Welch 算法进行描述。关于 E-M 算法,前文已有一定的介绍,其特点在于将围绕参数的初始值进行迭代,初始值选取对算法本身至关重要,错误的初始值往往会导致算法陷入局部最优解。为此,我们将高斯混合模型所得的静态特征作为基于 HMM 的设备故障预警模型参数的初始值,并利用 E-M 算法对其进行进一步的优化,将静态特征转化为动态特征。

记观测序列为 $O=O_1,O_2,\cdots,O_T$。每一期的观测数据 O_t 对应多种状态特征监测指标的具体数值。记状态序列为 $Q=q_1,q_2,\cdots,q_T$。每一期状态变量 q_t 对应不同的设备健康状态(用 i 代表,1 为健康,2 为亚健康,3 为故障异常)。则隐马尔可夫模型参数 $\lambda=(\pi,A,B)$ 可以表示为:$\pi=\{\pi_i\},\pi_i=P(q_1=i)$,代表初始状态隐节点的状态分布;$A=\{a_{ij}\},a_{ij}=P(q_t=j\mid q_{t-1}=i)$,代表第 t 期隐节点的转移概率;$B=\{b_i(O_t)\},b_i(O_t)=P(O_t\mid q_t=i)$,$b_i$ 为均值等于 μ_i、协方差矩阵为 Σ_i 的多维正态分布,代表每种健康状态对应的状态特征监测数据特征。同时,为了简便计算,该模型还需要计算两种辅助变量,$\alpha_t(i)=P(O_1,O_2,\cdots,O_t,q_t=i\mid\lambda)$,$\beta_t(i)=P(O_{t+1},O_{t+2},\cdots,O_T\mid q_t=i,\lambda)$,这两种变量均可以用参数 $\lambda=(\pi,A,B)$ 递归计算得到,利用 Baum-Welch 算法对隐马尔可夫模型进行参数估计的具体过程如下。

步骤一:赋予模型中的参数 $\lambda=(\pi,A,B)$ 一个合理的初始值 $\lambda_0=(\pi_0,A_0,B_0)$,参数 $B=\{b_i(O_t)\}$ 的初始值由高斯混合模型的聚类结果代替,参数 $\pi=$

$\{\pi_i\}$ 与 $A = \{a_{ij}\}$ 的初始值来自随机赋值。

步骤二(e-step)：根据观测序列 $O = O_1, O_2, \cdots, O_T$ 和参数 $\lambda_0 = (\pi_0, A_0, B_0)$，计算由第 t 期的状态 i 转化为第 $t+1$ 期的状态 j 的概率 $\xi_t(i,j)$，以及第 t 期处于状态 i 的概率 $\gamma_t(i) = \sum_{j=1}^{3} \xi_t(i,j)$。$\xi_t(i,j)$ 的定义及计算方法如下：

$$\xi_t(i,j) = P(q_t = i, q_{t+1} = j \mid O, \lambda_0)$$

$$= \frac{P(q_t = i, q_{t+1} = j, O \mid \lambda_0)}{P(O \mid \lambda_0)}$$

$$= \frac{\alpha_t(i) a_{ij} b_j(O_{t+1}) \beta_{t+1}(j)}{\sum_{i=1}^{3} \sum_{j=1}^{3} \alpha_t(i) a_{ij} b_j(O_{t+1}) \beta_{t+1}(j)}。$$

步骤三(m-step)：利用步骤二所得的参数 $\xi_t(i,j)$ 与 $\gamma_t(i)$，对 $\lambda = (\pi, A, B)$ 进行重新估计，得到模型 $\lambda' = (\pi', A', B')$：

$$\pi'_i = \gamma_1(i),$$

$$a_{ij}' = \frac{\sum_{t=1}^{T-1} \xi_t(i,j)}{\sum_{t=1}^{T-1} \gamma_t(i)},$$

$$b_i(O_t)' = \frac{\sum_{t=1}^{T-1} \gamma_t(j) b_i(O_t)}{\sum_{t=1}^{T} \gamma_t(i)}。$$

其中，$\pi' = \{\pi'_i\}$，$A = \{a'_{ij}\}$，$B = \{b_i(O_t)'\}$。

步骤四：将步骤三所得结果代入步骤二中进行重复计算，直至所得参数 $\lambda' = (\pi', A', B')$ 收敛。我们即可得到在已有的观察序列下，隐马尔可夫模型的最优参数 $\lambda^* = (\pi^*, A^*, B^*)$。

至此，我们已经完成了对隐马尔可夫模型的参数估计，进而得到了设备故障样本数据的动态特征，即 $\lambda^* = (\pi^*, A^*, B^*)$。其中：$\pi^*$ 为初始状态的概率分布，用于描述设备在初始情况的健康状态；A^* 为设备健康状态的转移矩阵，用于描述设备健康状态的变化情况；B^* 是设备状态特征监测数据的静态特征(与高斯混合模型得到的结果类似)，用于描述每种健康状态在固定时间点上的气体分布情况。

利用隐马尔可夫模型与 Baum-Welch 算法,我们可以提取设备故障案例的动态特征,完成针对特定故障类型的案例库建设。进一步地,我们可以根据这些案例库对待测设备的健康状态进行评估。现实情况下,在设备健康状态评估前,应先根据隐马尔可夫模型中的最大似然函数计算实际数据发生的后验概率,找到实际数据最为契合的案例库(案例库匹配),再根据案例库中的动态特征信息对设备的健康状态进行评价。

对于设备健康状态评价问题,基于 HMM 的设备故障预警模型已提供了相应的解决方案。该方案需要根据给定的模型,找出最符合实际观测数据的健康状态序列,此过程通常又称为解码过程。以往的文献中常用 Viterbi 算法对基于 HMM 的设备故障预警模型的状态序列进行推断,因此本章着重介绍 Viterbi 算法。Viterbi 算法是一种递归算法,其主要原理是根据第 1 期模型中状态特征监测数据的分布情况及所对应的最可能的健康状态,向第 2 期及之后多期递归计算状态序列的最可能的健康状态序列。Viterbi 算法的计算过程如下。

步骤一:设置 Viterbi 变量 $\delta_t(i) = \max P(q_1, q_2, \cdots, q_{t-1}, q_t = i, O_1, O_2, \cdots, O_t | \lambda)$,用于描述在 t 时刻之前状态序列的最可能值 $q_1, q_2, \cdots, q_{t-1}$。观察序列为 $O_1, O_2, \cdots, O_{t-1}$ 的情况下,当 t 时刻的观测值为 O_t 时,隐节点的状态为 i 的概率。设置路径存储变量 $\varphi_t(i)$,用于存放在 t 时刻状态为 i 时,$t-1$ 时刻的最可能状态。

步骤二:计算初始变量 $\delta_1(i)$,用于描述第 1 期每种隐节点状态发生的概率,此时,$\varphi_1(i) = 0$。再计算第 2 期变量 $\delta_2(j)$,设第 1 期最可能出现的隐节点状态为 i^*,则 $\delta_1(i^*) = \max \delta_1(i)$,$\delta_2(j) = \delta_1(i^*) a_{ij} b_j(O_2)$,此时路径存储变量 $\varphi_2(j) = i^*$。

步骤三:计算第 $t(t=2,3,\cdots,T)$ 期变量 $\delta_t(j)$,用于描述第 t 期每种隐节点状态发生的概率,此时 $\delta_t(j) = \max \delta_{t-1}(i) a_{ij} b_j(O_t)$,$\varphi_t(j) = \arg\max \delta_{t-1}(i) a_{ij} b_j(O_t)$。

步骤四:当 $t = T$ 时,停止递归,取出路径存储变量 $\varphi_t(j)$ 中的最优路径。至此,我们得到了最符合状态特征监测数据实际情况的设备健康状态序列。

5.4　监督与非监督式学习的组合决策

给定设备正常样本 E_m^N 与故障样本 E_m^F。这里利用由多种隐状态组成的一阶马尔可夫过程来描述设备的健康状态的变化过程,在此基础上建立隐马尔可夫模型提取的设备正常模式 Ψ^N 与故障模式 Ψ^F。隐马尔可夫模型中的隐状态与设备健康状态不同。设备的健康状态包括正常与故障两种类型,故障诊断需要决策设备当前是否处于故障状态。隐状态指设备在正常状态或故障状态的运行过程中表现出的阶段性的统计特征和规律,这些特征和规律无法直接观测,需要通过相关统计方法估计得到。

假设:设备在正常运行状态下具有 I 种隐状态,记为 $S^N = \{S_i^N, i = 1, 2, \cdots, I\}$;设备在故障状态下有 J 种隐状态,记为 $S^F = \{S_j^F, j = 1, 2, \cdots, J\}$。设备从某一时刻处于状态 $S_i^N(S_j^F)$ 到下一时刻转移至状态 S_j^N(或 S_j^F)的过程称为状态转移。本章提出的故障诊断模型考虑三种状态转移(俞鸿涛,2021;Hua et al.,2018):

①正常状态至正常状态(S_i^N 至 S_j^N);

②故障状态至故障状态(S_i^F 至 S_j^F);

③正常状态至故障状态(S_i^N 至 S_j^F)。

设备由状态 S_i^N 转移至状态 S_j^N 的概率可以通过正常样本估计得到,设备由状态 S_i^F 转移至状态 S_j^F 的概率可以通过故障样本估计得到。由于设备故障样本记录了设备由正常状态演化至故障状态的过程,设备由状态 S_i^N 转移至状态 S_j^F 的概率也可以通过故障样本估计得到。

隐马尔可夫模型是由 Baum and Petrie(1966)提出的双随机过程模型。其中一个随机过程用于描述设备在不同隐状态间的转移过程,另一个随机过程用于描述设备在每种隐状态下监测数据的概率分布(Baruah and Chinnam,2005)。在现有研究中,不同隐状态对应的设备退化程度主要通过专家领域知识或经验法则确定,如根据设备状态指标的概率分布确定设备退化程度(Soualhie et al.,2016)。由于设备样本被划分为故障样本 E_m^N 与正常样本 E_m^F

两个部分,这里不再计算不同隐状态对应的设备退化程度,而是按照正常与故障样本将它们划分到集合 S^N 和 S^F 当中。

下面以设备的正常样本为例介绍隐马尔可夫模型的基本构成。假设设备在 τ 时刻所处的隐状态为 $q(\tau),q(\tau)\in\{S^N\},\tau=1,2,\cdots,T$,隐马尔可夫模型的基本构成元素如下:

①状态转移概率 $A=\{a_{ij}\}$。a_{ij} 代表设备从 $\tau-1$ 到 τ 时刻由状态 S_i^N 转移至状态 S_j^N 的概率,即 $a_{ij}=\mathrm{Prob}(q(\tau)=S_i^N\mid q(\tau-1)=S_j^N),i,j=1,2,\cdots,I,$ $\tau=2,3,\cdots,T$;

②状态观测概率 $B=\{b_i\}$。b_i 代表状态 S_i^N 下设备监测数据 $X_m(\tau)$ 的概率分布。假设 $X_m(\tau)$ 在不同隐状态下服从 K 维正态分布,即 $\phi(X_m(\tau)\mid\mu_i,\Sigma_i),b_i=\{\mu_i,\Sigma_i\},i=1,2,\cdots,I$。其中,$\phi(\cdot)$ 代表 K 维正态分布密度函数,μ_i、Σ_i 分别代表均值和方差。

③初始概率 $\pi=\{\pi_i\}$。π_i 代表设备在 $\tau=1$ 时刻处于状态 S_i^N 的概率,即 $\pi_i=\mathrm{Prob}(q(1)=S_i^N),i=1,2,\cdots,I$。

隐马尔可夫模型估计设备隐状态的过程提取可以看作 A、B 和 π 的参数估计过程。隐马尔可夫模型的参数估计包括两个步骤(Afzal et al.,2017)。第一步是确定隐状态的数量 I。隐状态数量可以通过专家经验或利用枚举法与贝叶斯信息准则得到。枚举法指通过比较不同状态数量下的隐马尔可夫模型与设备样本间的拟合度,选择拟合度最高的数量 I 作为隐状态数量。该方法不需要专家领域经验,但在隐状态数量较多的情况下存在效率较低的问题。第二步利用最大期望算法估计模型参数 A、B 和 π。最大期望算法首先对模型参数进行随机初始化,然后利用模型参数估计设备在每一时刻的隐状态 $q(\tau)$ 的期望值,得到期望值后利用最大似然方法重新估计模型参数 A、B 和 π,不断重复此步骤直到参数收敛。其中,A、B 和 π 的最终估计结果即为隐马尔可夫模型的参数估计结果。

假设:隐马尔可夫模型在正常样本下的参数估计结果为 $A^N=\{a_{ij}^N\},B^N=\{b_i^N\}$ 且 $\pi^N=\{\pi_i^N\},i,j=1,2,\cdots,I$;在故障样本下的参数估计结果为 $A^F=\{a_{ij}^F\},B^F=\{b_i^F\}$ 且 $\pi^F=\{\pi_i^F\},i,j=1,2,\cdots,J$。记设备正常模式为 $\Psi^N=\{A^N,B^N,\pi^N\}$,故障模式为 $\Psi^F=\{A^F,B^F,\pi^F\}$。

5.4.1 监督式故障诊断

监督式故障诊断方法通过比较待测设备与正常模型 $\boldsymbol{\Psi}^N$、故障模式 $\boldsymbol{\Psi}^F$ 之间的似然度进行故障诊断决策(俞鸿涛,2021;Hua et al. ,2018)。

给定测试样本 $D_n(t) = \{Y_n(t-T+1), Y_n(t-T+2), \cdots, Y_n(t), C_n^Y(t)\}$,$t = T+1, T+2, \cdots, \Gamma$。$D_n(t)$ 与 $\boldsymbol{\Psi}^N$、$\boldsymbol{\Psi}^F$ 之间的似然度可以通过 Baum-Welch 算法得到(Murphy,2012)。记 $D_n(t)$ 与 $\boldsymbol{\Psi}^N$ 的似然度为 $L^N(t)$,$D_n(t)$ 与 $\boldsymbol{\Psi}^F$ 的似然度为 $L^F(t)$,$L^N(t)$ 和 $L^F(t)$ 的计算过程如下:

$$L^N(t) = \ln[P(Y_n(t-T+1), Y_n(t-T+2), \cdots, Y_n(t)) \mid \boldsymbol{\Psi}^N)]$$

$$= \ln\Big[\sum_{i=1}^{I} \varepsilon_i^N(t)\Big] \tag{5-3}$$

$$L^F(t) = \ln[P(Y_n(t-T+1), Y_n(t-T+2)\cdots, Y_n(t)) \mid \boldsymbol{\Psi}^F)]$$

$$= \ln\Big[\sum_{j=1}^{J} \varepsilon_j^F(t)\Big] \tag{5-4}$$

其中,

$$\varepsilon_i^N(t) = \begin{cases} \pi_i^N b_i^N Y_n(t), & t=1 \\ \Big(\sum_{j=1}^{I} \varepsilon_j^N(t-1) a_{ji}^N\Big) b_i^N Y_n(t), & t>1 \end{cases}$$

$$\varepsilon_j^F(t) = \begin{cases} \pi_j^F b_j^F Y_n(t), & t=1 \\ \Big(\sum_{i=1}^{J} \varepsilon_i^F(t-1) a_{ij}^F\Big) b_j^F Y_n(t), & t>1 \end{cases}$$

根据式(5-3)与式(5-4)的似然度计算结果:当测试样本 $D_n(t)$ 与正常模式 $\boldsymbol{\Psi}^N$ 间的似然度大于其与故障模式 $\boldsymbol{\Psi}^F$ 间的似然度时,即 $L^F(t) - L^N(t) < 0$,$D_n(t)$ 将被评价为故障状态;反之,当 $D_n(t)$ 与 $\boldsymbol{\Psi}^N$ 间的似然度大于其与 $\boldsymbol{\Psi}^F$ 的似然度时,即 $L^F(t) - L^N(t) > 0$,$D_n(t)$ 将被评价为正常状态。由于将设备误诊为正常状态的成本通常远大于将其误诊为故障的成本,当 $L^F(t) = L^N(t)$ 时,本章仍将 $D_n(t)$ 评价为故障状态。在监督式方法下,设备故障诊断结果 $\hat{C}_n^Y(t)$ 的计算方式如下:

$$\hat{C}_n^Y(t) = \begin{cases} -1, & L^F(t) - L^N(t) \geqslant 0 \\ 1, & L^F(t) - L^N(t) < 0 \end{cases} \tag{5-5}$$

监督式故障诊断是在假定设备故障样本与正常样本数量充足的条件下完成的。只有当设备样本数量充足时，隐马尔可夫模型才能提取完整的正常模式 Ψ^N 与故障模式 Ψ^F。然而，在现实故障诊断问题当中，设备的故障样本数量通常远小于正常样本。当故障样本不足时，模型提取的故障模式 Ψ^F 难以描述设备所有的隐状态，从而导致待测设备与故障模式 Ψ^F 间的似然度 $L^F(t)$ 被低估，此时，监督式故障诊断方法低估了待测设备发生故障的概率。

5.4.2　非监督式故障诊断

非监督式故障诊断方法通过比较待测设备与正常模式之间的偏离程度进行故障决策。

给定测试样本 $D_n(t) = \{Y_n(t-T+1), Y_n(t-T+2), \cdots, Y_n(t), C_n^Y(t)\}$，$t = T+1, T+2, \cdots, \Gamma$。非监督式方法通过 Baum-Welch 算法计算 $D_n(t)$ 与 Ψ^N 之间的似然度 $L^N(t)$，当 $L^N(t)$ 低于某一阈值 $\overline{L}$ 时，将设备判别为故障状态。

在非监督式方法下，设备故障诊断结果 $\hat{C}_n^Y(t)$ 的计算方式如下：

$$\hat{C}_n^Y(t) = \begin{cases} -1, & \overline{L} - L^N(t) \geqslant 0 \\ 1, & \overline{L} - L^N(t) < 0 \end{cases} \tag{5-6}$$

在式(5-6)中，阈值 $\overline{L}$ 的确定通常需要三个步骤：①计算每个正常样本 E_m^N 与正常模式 Ψ^N 之间的似然度；②利用高斯核密度方法估计①中所得似然度的概率分布；③选择 95% 或 99% 的置信下限作为阈值 $\overline{L}$。

非监督式方法通常选择较高的置信度确定阈值 $\overline{L}$。例如，Afzal et al. (2017)采用 95% 和 99% 的置信下限作为阈值 L。原因在于：①95% 和 99% 置信度是统计学中最为常用的异常值检测标准；②现实中不同设备的工作状态与运行环境往往存在很大的差异，较高的置信度能够保证故障决策结果的稳定性。然而，选择较高置信度往往会使得故障阈值 $\overline{L}$ 设置过低，从而高估设备与正常模式 Ψ^N 之间的相似程度。此时，非监督式故障诊断方法高估了待测设备处于正常状态的概率。

5.4.3　组合故障诊断

为了提高设备故障诊断的准确性，这里将监督式与非监督式方法进行组合,以形成设备故障组合诊断方法。组合方法综合监督式与非监督式方法的诊断结果进行故障决策,即当监督式或非监督式方法检测到故障时,设备被判别为故障状态。在组合方法下,设备故障诊断结果$\hat{C}_n^Y(t)$的计算方式如下:

$$\hat{C}_n^Y(t)=\begin{cases} -1, & L^F(t)-L^N(t)\geqslant 0 \text{ 或 } \bar{L}-L^N(t)\geqslant 0 \\ 1, & \text{否则} \end{cases} \tag{5-7}$$

当前已有一些研究尝试通过组合监督式与非监督式方法提高设备故障诊断的准确性。例如,Grbovic et al. (2013)将支持向量机(监督式方法)与主成分分析(非监督式方法)相结合,形成了组合故障诊断方法。该方法仅考虑了两种模型诊断结果的简单组合,没有对组合方法的内在决策逻辑进行深入研究,因此只能通过数值分析来说明组合方法的有效性。与 Grbovic et al. (2013)的方法不同,本章从设备隐状态与似然度的角度分析组合方法的决策原理,可以从理论上证明组合方法的有效性,所得结果可以应用到其他组合模型当中。

图 5-3 展示了组合方法与监督式与非监督式方法相比在故障诊断准确性方面的优势。图 5-3 中,似然度$L^N(t)$与$L^F(t)$所组成的决策空间被虚线(line 0)分为两个部分。虚线下方代表测试样本的真实状态$D_n(t)$为故障状态,虚线上方代表$D_n(t)$属于正常状态。图 5-3 中的阴影区域代表设备健康状态被错误诊断的情况。对于监督式方法,当设备故障样本与正常样本数量充足时,故障诊断的决策边界$L^N(t)=L^F(t)$由图 5-3(a)中的实线(line 1)表示。当故障样本数量不足时,$D_n(t)$与故障模式Ψ^F之间的似然度将被低估,决策边界$L^N(t)=L^F(t)$将向右移动至点划线(line 2),此时测试样本$D_n(t)$被错误地判别为正常状态的情况将增多。类似地,图 5-3(b)描述了非监督式方法对$D_n(t)$的误判情况。图 5-3(c)中,line 1 与 line 2 分别代表监督式和非监督式方法的决策边界,即$L^N(t)=L^F(t)$ 和 $L^N(t)=\bar{L}$[即图 5-3(a)与 5-3(b)中的 line 2]。从中可以看到,组合方法对应的阴影面积更小,对$D_n(t)$的误判情况更少。

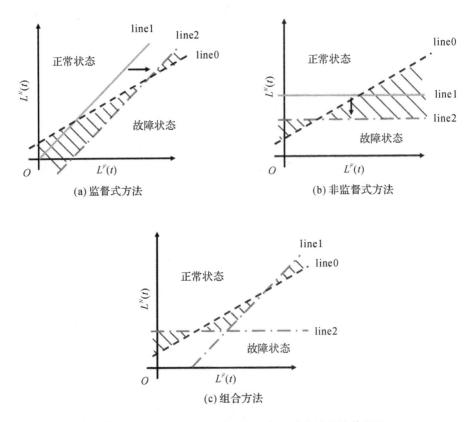

(a) 监督式方法　　　　　　(b) 非监督式方法

(c) 组合方法

图5-3　监督式方法、非监督式方法与组合方法的决策边界

设备的故障诊断问题可以看作风险决策问题。故障设备被错误诊断为正常设备的情况称为第一类错误,正常设备被错误诊断为故障设备的情况称为第二类错误。由于现实中设备故障通常会造成巨大的经济损失,故障诊断中的第一类错误严重性远大于第二类错误。故障诊断方法的第一类错误与第二类错误可以分别通过准确率、召回率描述。结合监督式、非监督式与组合方法各自的特点,命题5.1证明了组合方法具有更高的准确率与召回率,其证明过程参见附录。

命题5.1:假设故障诊断方法的准确率与召回率分别为 P_i 和 R_i,$i=1,2$,e。1代表监督式方法,2代表非监督式方法,e代表组合方法,可得:

① $R_e \geqslant \max(R_1, R_2)$;

② $P_e \geqslant \max(P_1, P_2)$,当且仅当 $\text{Prob}(C_n^Y(t)=-1 \mid L^F(t) < L^N(t) \leqslant \bar{L}) \geqslant P_1$

且 $\mathrm{Prob}(C_n^Y(t)=-1 \mid \bar{L}<L^N(t)\leqslant L^F(t))\geqslant P_2$。

命题 5.1 表明，组合方法与监督式、非监督式方法相比具有更高的召回率。同时，在一定条件下组合方法具有更高的准确率。命题 5.1 中条件 $\mathrm{Prob}(C_n^Y(t)=-1 \mid L^F(t)<L^N(t)\leqslant \bar{L})\geqslant P_1$ 要求，当监督式方法的诊断结果为故障而非监督方法为正常时，设备真实健康状态为故障的概率大于 P_1。条件 $\mathrm{Prob}(C_n^Y(t)=-1 \mid \bar{L}<L^N(t)\leqslant L^F(t))\geqslant P_2$ 要求，当监督式方法的诊断结果为正常而非监督方法为故障时，设备真实健康状态为故障的概率大于 P_2。综上所述，当监督式或非监督式方法出现的第一类错误总能被另一种方法正确检测时，组合方法具有更高的准确率。命题 5.1 中的理论结果说明组合方法出现第一类错误的概率更低，证明了组合方法在故障诊断中的优越性。

5.5　个性化决策参数与在线学习

对于个体设备而言，设备的故障特征不仅取决于设备故障样本表现出的统计特征，还与设备的个性化的工作环境、运行特征和维护历史有关。为描述设备的个性化特征对故障诊断的影响，本章在组合方法中为每台待测设备设置了个性化决策参数，形成了设备个性化故障诊断方法(俞鸿涛，2021；Hua et al.，2018)。

5.5.1　个性化决策参数

设备个性化运行特征与工作环境对其故障诊断结果具有重要的影响。为了描述这些影响，本章在组合方法中加入了个性化决策参数 $\alpha_n(t)$ 和 $\beta_n(t)$，$\alpha_n(t)$ 和 $\beta_n(t)$ 的定义如下：

①给定测试样本 $D_n(t)$，个性化决策参数 $\alpha_n(t)\in(-\infty,\infty)$，代表监督式方法中似然度 $L^N(t)$ 与 $L^F(t)$ 之间差值的阈值；

②给定测试样本 $D_n(t)$，个性化决策参数 $\beta_n(t)\in(-\infty,\infty)$，代表非监督式方法中似然度 $L^N(t)$ 与 $\bar{L}$ 之间差值的阈值。

上述定义中,个性化参数 $\alpha_n(t)$ 与 $\beta_n(t)$ 是随时间 $t(t=T+1, T+2, \cdots)$ 动态变化的,描述设备个性化运行特征对故障诊断结果的动态影响。加入个性化决策参数后,设备故障诊断结果 $\hat{C}_n^Y(t)$ 的计算方式如下:

$$\hat{C}_n^Y(t)=\begin{cases} -1, & L^F(t)-L^N(t)\geqslant\alpha_n(t) \text{ 或 } \overline{L}-L^N(t)\geqslant\beta_n(t) \\ 1, & \text{否则} \end{cases} \tag{5-8}$$

从中可以看出,上文提出的组合方法[式(5-7)]可以看作上述方法在 $\alpha_n(t)=\beta_n(t)=0$ 情况下的一个特例。对于不同的待测设备,本章将 $\alpha_n(t)$ 和 $\beta_n(t)$ 的初始值设为 0。组合方法可以通过改变 $\alpha_n(t)$ 和 $\beta_n(t)$ 的数值形成不同的诊断决策,减小待测设备的诊断误差。例如:当参数 $\alpha_n(t)$ 设置为足够大的正数时,组合方法使用监督式决策进行故障诊断;当参数 $\beta_n(t)$ 设置为足够大的正数时,组合方法使用非监督式决策进行故障诊断。

在设备动态故障诊断的过程中,个性化参数 $\alpha_n(t)$ 和 $\beta_n(t)$ 在每一时刻根据设备的诊断误差进行调整,以提高后续诊断结果的准确性。为确定参数 $\alpha_n(t)$ 和 $\beta_n(t)$ 当中哪一个需要调整,这里需要确定监督式与非监督式方法 $L^F(t)-L^N(t)\geqslant\alpha_n(t)$ 和 $\overline{L}-L^N(t)\geqslant\beta_n(t)$ 是否能够正确区分故障设备,为此给出如下定义:

①给定个性化参数 $\alpha_n(t)$ 与测试样本 $D_n(t)$,集合 Ω_1 代表满足条件 $L^F(t)-L^N(t)\geqslant\alpha_n(t)$ 所有可能的 $L^F(t)$ 和 $L^N(t)$ 组成的集合,即 $\Omega_1=\{(L^F(t),L^N(t)) \mid L^F(t)-L^N(t)\geqslant\alpha_n(t)\}$。

②给定个性化参数 $\alpha_n(t)$ 与测试样本 $D_n(t)$,集合 Ω_2 代表满足条件 $\overline{L}-L^N(t)\geqslant\beta_n(t)$ 所有可能的 $L^N(t)$ 组成的集合,即 $\Omega_2=\{\overline{L}-L^N(t)\geqslant\beta_n(t)\}$。

根据上述定义,集合 $\Omega_1\bigcup\Omega_2$ 代表同时满足条件 $L^F(t)-L^N(t)\geqslant\alpha_n(t)$ 和 $\overline{L}-L^N(t)\geqslant\beta_n(t)$ 的 $L^F(t)$、$L^N(t)$ 组成的集合,即组合方法检测到设备故障的事件组成的集合。在此基础上,本章定义在所有组合方法检测出的设备故障中,监督式方法检测出的故障所占比例为 $\theta_\alpha(t)=\text{Prob}(\Omega_1 \mid \Omega_1\bigcup\Omega_2)$,非监督式方法检测出的故障所占比例为 $\theta_\beta(t)=\text{Prob}(\Omega_2 \mid \Omega_1\bigcup\Omega_2)$,则有

命题 5.2:$\theta_\alpha(t)$ 随着 $\alpha_n(t)$ 的减小和 $\beta_n(t)$ 的增大而增大,随着 $\alpha_n(t)$ 的增大和 $\beta_n(t)$ 的减小而减小;$\theta_\beta(t)$ 随着 $\alpha_n(t)$ 的增大和 $\beta_n(t)$ 的减小而增大,随着 $\alpha_n(t)$ 的减小和 $\beta_n(t)$ 的增大而减小。

命题 5.2 展示了监督式与非监督式方法的决策结果在组合决策中所占比例随个性化参数的变化情况,其证明过程参见附录。图 5-4 以 $\theta_a(t)$ 为例来说明 $\theta_a(t)$ 随个性化参数 $\alpha_n(t)$ 和 $\beta_n(t)$ 的变化情况。根据 $\theta_a(t)$、Ω_1 和 Ω_2 的定义,可以得到 $\Omega_1 \cup \Omega_2 = \Omega_1 + \bar{\Omega}_1 \cap \Omega_2$,$\theta_a(t)$ 随着 Ω_1 的面积增大而增大。当 $\alpha_n(t)$ 和 $\beta_n(t)$ 从图 5-4(a) 分别增大、减小到图 5-4(b) 的位置时,决策边界 $L^F(t) - L^N(t) \geqslant \alpha_n(t)$ 和 $\bar{L} - L^N(t) \geqslant \beta_n(t)$ 会分别向上、向下移动,此时 Ω_1 的面积将增大,$\theta_a(t)$ 也随之增大,组合方法将更多地使用监督式方法进行故障诊断。命题 5.2 表明个性化参数 $\alpha_n(t)$ 和 $\beta_n(t)$ 对监督式与非监督式方法在故障诊断中的使用情况具有重要影响,这一结果为后续个性化参数的在线学习提供了理论基础。

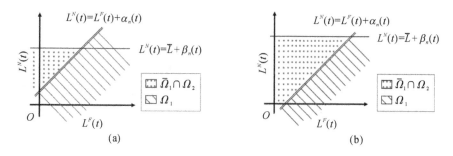

图 5-4　监督式与非监督式方法决策边界随个性化参数变化情况

5.5.2　在线学习

在线学习指决策模型在解决一系列动态问题过程中不断提升决策正确率的过程。在这个过程中,决策模型每收到一个新的问题都会观测到上一问题的正确结果(Shalev-Shwartz,2011)。在线学习的目标是找到最优的模型更新机制,使得决策模型在所有决策问题中的误差最小(俞鸿涛,2021;Hua et al. ,2018)。在动态故障诊断问题中,设备的故障诊断是随时间 t($t = T+1$, $T+2, \cdots, \Gamma$)不断进行的。当组合故障诊断方法在 t 时刻的诊断结果正确时 $[C_n^Y(t) = \hat{C}_n^Y(t)]$,个性化决策参数 $\alpha_n(t)$ 和 $\beta_n(t)$ 将保持不变;当组合方法存在诊断误差时 $[C_n^Y(t) \neq \hat{C}_n^Y(t)]$,$\alpha_n(t)$ 和 $\beta_n(t)$ 在下一时刻需要进行适当的调整,修正模型的诊断误差。

组合方法的诊断误差可以由 $C_n^Y(t)$ 和 $\hat{C}_n^Y(t)$ 之间的差值计算得到。然而，由于 $C_n^Y(t)$、$\hat{C}_n^Y(t)$ 只有 -1 和 1 两种取值，此种方法无法具体描述模型的决策边界与设备真实状态间的偏差。为了更好地描述决策结果的准确性，这里定义监督式、非监督式与组合方法的损失函数。给定个性化参数 $\alpha_n(t)$、$\beta_n(t)$ 与测试样本 $D_n(t)$，监督式、非监督式与组合方法的损失函数如下：

$$e_1(t) = \begin{cases} 0, & C_n^Y(t)[L^F(t) - L^N(t) - \alpha_n(t)] \leqslant 0 \\ C_n^Y(t)[L^F(t) - L^N(t) - \alpha_n(t)], & \text{否则} \end{cases} \tag{5-9}$$

$$e_2(t) = \begin{cases} 0, & C_n^Y(t)[\bar{L} - L^N(t) - \beta_n(t)] \leqslant 0 \\ C_n^Y(t)[\bar{L} - L^N(t) - \beta_n(t)], & \text{否则} \end{cases} \tag{5-10}$$

$$e(t) = \begin{cases} 0, & C_n^Y(t)\xi(t) \geqslant 0 \\ - C_n^Y(t)\xi(t), & \text{否则} \end{cases} \tag{5-11}$$

其中，$\xi(t) = \min\{L^N(t) + \alpha_n(t) - L^F(t), L^N(t) + \beta_n(t) - \bar{L}\}$。

在上述定义中：当设备诊断结果正确时 $[C_n^Y(t) = \hat{C}_n^Y(t)]$，损失函数值为 0；当设备诊断结果错误时 $[C_n^Y(t) \neq \hat{C}_n^Y(t)]$，损失函数值为正数，且随着决策边界 $L^F(t) - L^N(t) \geqslant \alpha_n(t)$ 和 $\bar{L} - L^N(t) \geqslant \beta_n(t)$ 与设备真实状态之间偏差的增大而增大。在故障决策损失函数的基础上，本章建立了基于主动-被动（passive-aggressive，P-A）更新的个性化参数在线学习方法。P-A 方法的主要思路是在尽可能保留存在于个性化参数中的设备信息的同时，修正设备的诊断结果（Crammer，2006）。当组合方法在 t 时刻存在诊断误差 $e(t)$ 时，个性化参数在下一时刻的更新结果 $\alpha_n(t+1)$ 和 $\beta_n(t+1)$ 需要在尽可能地减小 $\alpha_n(t)$ 与 $\beta_n(t)$ 之间差距的同时，修正设备的诊断误差 $e(t)$。在在线学习方法下，个性化参数的更新结果 $\alpha_n(t+1)$ 和 $\beta_n(t+1)$ 可以通过求解如下优化问题得到：

$$\min_{\alpha_n(t+1),\beta_n(t+1)} (\alpha_n(t+1) - \alpha_n(t))^2/2 + (\beta_n(t+1) - \beta_n(t))^2/2,$$

$$\text{s.t.} \quad C_n^Y(t)\min\{L^N(t) + \alpha_n(t+1) - L^F(t), L^N(t) + \beta_n(t+1) - \bar{L}\} \geqslant 0$$

$$\tag{5-12}$$

在式（5-12）中，个性化参数的更新结果 $\alpha_n(t+1)$ 和 $\beta_n(t+1)$ 为优化问题的决策变量。优化目标是使得 t 时刻个性化参数 $\alpha_n(t)$、$\beta_n(t)$ 与其在 $t+1$ 时刻的更新结果 $\alpha_n(t+1)$、$\beta_n(t+1)$ 之间的差距最小。约束条件要求组合方法在新的

个性化参数 $\alpha_n(t+1)$ 和 $\beta_n(t+1)$ 下,对测试样本 $D_n(t)$ 的诊断误差为 0。通过求解上述优化问题,可得命题 5.3。

命题 5.3:给定测试样本 $D_n(t)$,个性化参数 $\alpha_n(t)$ 和 $\beta_n(t)$ 的更新方程为:

$$\begin{cases} \alpha_n(t+1) = \alpha_n(t) + \lambda_1 e_1(t) \\ \beta_n(t+1) = \beta_n(t) + \lambda_2 e_2(t) \end{cases} \tag{5-13}$$

其中,

$$\lambda_1 = \begin{cases} -1, & C_n^Y(t) = -1 \text{ 且 } e_1(t) < e_2(t); \\ 0, & C_n^Y(t) = -1 \text{ 且 } e_1(t) \geq e_2(t); \\ 1, & C_n^Y(t) = 1。 \end{cases}$$

$$\lambda_2 = \begin{cases} -1, & C_n^Y(t) = -1 \text{ 且 } e_1(t) \geq e_2(t); \\ 0, & C_n^Y(t) = -1 \text{ 且 } e_1(t) < e_2(t); \\ 1, & C_n^Y(t) = 1。 \end{cases}$$

命题 5.3 给出了组合故障诊断方法中个性化参数 $\alpha_n(t)$ 和 $\beta_n(t)$ 的更新方程,其证明过程参见附录。个性化参数的在线学习对组合方法的决策方式具有重要影响。命题 5.4 展示了监督式与非监督式方法在组合方法中所占比例随诊断误差的变化情况,其证明过程参见附录。

命题 5.4:给定非监督式方法的诊断误差 $e_2(t)$。当监督式方法的误差 $e_1(t)$ 从小于 $e_2(t)$ 增加到大于 $e_2(t)$ 时,$\theta_\alpha(t+1)$ 增大,$\theta_\beta(t+1)$ 减小;反之,给定监督式方法的误差 $e_1(t)$,当非监督式方法的误差 $e_2(t)$ 从小于 $e_1(t)$ 增加到大于 $e_1(t)$ 时,$\theta_\alpha(t+1)$ 减小,$\theta_\beta(t+1)$ 增大。

命题 5.4 表明,组合方法将根据监督式与非监督式方法的误差自适应地选择最优决策方式进行故障诊断。当非监督式方法的误差 $e_2(t)$ 大于监督式方法的误差 $e_1(t)$ 时,$\theta_\alpha(t+1)$ 增大,$\theta_\beta(t+1)$ 减小,组合方法更多地使用非监督式方法进行故障诊断;反之,当 $e_2(t)$ 小于 $e_1(t)$ 时,组合方法更多地使用监督式方法进行故障诊断。

在有限的监测时间范围 $\Gamma(\Gamma > T+1)$ 内,假设在线学习过程中存在最优个性化决策参数 α^* 和 β^*,使得诊断误差 $e_1(t) = 0, e_2(t) = 0, t = T+1, T+2, \cdots, \Gamma$,则有命题 5.5。

命题 5.5：给定测试样本 $D_n(t), t = T+1, T+2, \cdots, \Gamma$，组合方法的累积平方误差有上界，即

$$\sum_{t=T+1}^{\Gamma} e(t)^2 \leqslant (\alpha^*)^2 + (\beta^*)^2 \tag{5-14}$$

$$\begin{cases} \sum_{t=T+1}^{\Gamma} e(t)^2 = \sum_{t=T+1}^{\Gamma} \max\{e_1(t)^2, e_2(t)^2\}, & C_n^\gamma(t) = 1, t = T+1, \cdots, \Gamma \\ \sum_{t=T+1}^{\Gamma} e(t)^2 = \sum_{t=T+1}^{\Gamma} \min\{e_1(t)^2, e_2(t)^2\}, & C_n^\gamma(t) = -1, t = T+1, \cdots, \Gamma \end{cases}$$

$$\tag{5-15}$$

命题 5.5 给出了在线学习下组合方法的误差边界，其证明过程参见附录。根据损失函数[式(5-11)]的定义，组合方法诊断误差 $e(t) \geqslant 0, t = T+1, T+2, \cdots, \Gamma$，因此累积平方误差 $\sum_{t=T+1}^{\Gamma} e(t)^2$ 随时间 t 增加而增大。式(5-14)表明组合方法的累积平方误差收敛于 $(\alpha^*)^2 + (\beta^*)^2$，诊断误差 $e(t)$ 随时间增加而减小；式(5-15)表明，对于测试样本 $D_n(t)$，组合方法第一类错误的误差边界，即 $\min\{e_1(t)^2, e_2(t)^2\}$，小于第二类错误的误差边界，即 $\max\{e_1(t)^2, e_2(t)^2\}$。综上，本书提出的方法具有一定的在线学习能力，能够在动态故障诊断过程中不断减小设备的诊断误差。

5.6　变压器高温过热故障诊断应用

为验证上述故障诊断方法的有效性，本部分以模拟数据与电力变压器设备真实数据集为例，实践应用本章提出的故障诊断方法，开展设备故障诊断方法检验。本部分主要内容共分为两个部分：5.6.1 通过模拟数据检验本章提出方法的有效性及相关理论性质；5.6.2 通过国家电网变压器设备数据验证本章提出方法在真实数据中的有效性。

5.6.1　模拟数据算例

为验证上述故障诊断方法的有效性，本部分以文献中公开的模拟数据为

例,实践应用本章提出的故障诊断方法,开展设备故障诊断算例验证。

Tennessee Eastman (TE)数据集是由美国田纳斯伊斯曼公司开发的模拟复杂系统退化过程的模拟数据集(Bathelt et al.,2015)。该数据集对检验基于数据的方法具有较强的通用性,研究者可以在不具备设备背景知识的情况下,通过模拟数据的分布特征确定设备健康状态,因此被广泛用于基于数据的设备故障方法检验。TE 数据集包含设备在两种不同运行模式的状态指标数据。在本次算例分析中,我们把每种模式下的模拟数据分为故障样本、正常样本与测试样本三种类型,对本章提出的方法及对比方法进行 4 次测试(编号 1—4),每次测试中设备测试样本、正常样本与故障样本的设置如下。

①测试样本:设备两种运行模式下分别包含两个测试样本。每个测试样本中包含 1000 条数据,前 500 条数据设备处于正常状态,后 500 条数据设备处于故障状态,4 次测试使用的测试样本相同。

②正常样本:设备两种运行模式下分别包含 10 个正常样本,每个正常样本包括 200 条数据,4 次测试使用的正常样本相同。

③故障样本:4 次测试中故障样本数量的设置情况如表 5-1 所示,每个故障样本包括 200 条数据。测试 1 和测试 2 中只有运行模式 1 下包含故障样本用于模型训练,以验证故障诊断模型在故障样本不足情况下的准确性;测试 3 和测试 4 中运行模式 1 和运行模式 2 下均包含故障样本用于模型训练,以验证故障诊断模型在故障样本充足情况下的准确性。

表 5-1　测试 1—4 中设备故障样本数量

测试编号	故障样本数量	
	运行模式 1	运行模式 2
1	5	0
2	10	0
3	10	5
4	10	10

表 5-2 展示了命题 5.1 中假设条件的 $\mathrm{Prob}(C_n^Y(t)=-1\,|\,L^F(t)<L^N(t)\leqslant \bar{L})\geqslant P_1$ 和 $\mathrm{Prob}(C_n^Y(t)=-1\,|\,\bar{L}<L^N(t)\leqslant L^F(t))\geqslant P_2$ 在 4 次测试中的计算结

果。图 5-5 展示了监督式方法（HMM-supervised）、非监督式方法（HMM-unsupervised）、组合方法（EFD）及加入个性化决策参数后的组合方法（AEFD）四种方法的准确率与召回率。

表 5-2　命题 5.1 中假设条件验证结果

项目	测试 1	测试 2	测试 3	测试 4
$\mathrm{Prob}(C_n^Y(t)=-1 \mid L^F(t)<L^N(t)\leqslant \overline{L})-P_1$	0.024	0.023	0.013	0.012
$\mathrm{Prob}(C_n^Y(t)=-1 \mid \overline{L}<L^N(t)\leqslant L^F(t))-P_2$	0.008	0.007	-0.102	-0.980

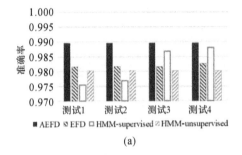
(a)

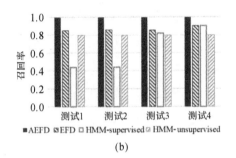
(b)

图 5-5　监督式、非监督式与组合方法的准确率和召回率

根据命题 5.1，当 $\mathrm{Prob}(C_n^Y(t)=-1 \mid L^F(t)<L^N(t)\leqslant \overline{L})\geqslant P_1$ 和 $\mathrm{Prob}(C_n^Y(t)=-1 \mid \overline{L}<L^N(t)\leqslant L^F(t))\geqslant P_2$ 时，组合方法能够得到更高的准确率和召回率。从表 5-2 中可以看出，测试 1 和测试 2 满足命题 5.1 中的假设条件，测试 3 和测试 4 不满足假设条件。从图 5-5 中可以看到，当组合方法满足命题 5.1 中的假设条件时，组合方法的准确率和召回率高于监督式与非监督式方法。这些结果证明了命题 5.1 中的理论结果，即在故障样本不足的情况下，组合方法能够提升设备故障诊断的准确率和召回率。另外，图 5-5 中的测试结果证明了本章提出的在线学习方法的有效性。从中可以看到，在加入个性化参数与在线学习后，组合方法 4 次测试均具有最高的准确率和召回率。为进一步说明在线学习方法在个性化故障诊断方面的优势，本章计算了故障诊断中监督式与非监督式方法在组合方法中所占比例，并计算了设备诊断误差随时间的变化情况，相应测试结果如表 5-3 和图 5-6 所示。

表 5-3　监督式与非监督式方法在组合方法中所占比例

方法	测试 1	测试 2	测试 3	测试 4
监督式方法	0.51	0.51	1.00	1.00
非监督式方法	0.68	0.68	0.59	0.58

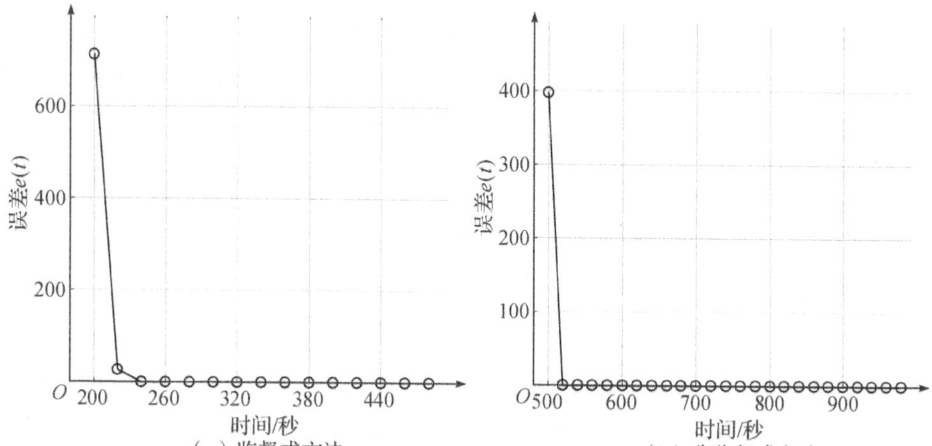

（a）监督式方法　　　　　　　（b）非监督式方法

图 5-6　故障诊断方法误差随时间的变化

如表 5-3 所示,测试 1—4 中随着设备故障样本的不断增加,监督式方法在故障诊断中所占比例不断升高,非监督式方法在故障诊断中所占比例不断降低。这一结果验证了命题 5.4 中的理论结果,即本章提出的在线学习方法能够自适应地选择监督式与非监督式方法当中的最优方法进行故障诊断。图 5-6 展示了组合方法的诊断误差 $e(t)$ 随时间的变化情况。图 5-6 中的圆点代表 20 个测试样本在 4 次测试中的平均误差随时间变化情况。从图 5-6 中可以看到,在动态故障诊断的过程中,本章所提出的方法的诊断误差不断减小。

5.6.2　国家电网变压器数据算例

为验证策略网络方法在真实数据中的有效性,本节以国家电网某省公司油浸式变压器设备为例,开展设备故障方法有效性检验。油浸式变压器是电力系统中重要的电力设备,变压器故障将影响附近电网输电能力,造成巨额经济损失。变压器故障通常通过设备油中溶解气体浓度进行判别,具体油中溶解气体包括氢气、甲烷、乙烷、乙烯、乙炔、总烃六种。维护人员根据这些气体浓度的大小和分布特征确定变压器设备健康状态,当油中溶解气体浓度超过阈值时进行设备维护。在此背景下,我们依靠国家电网某省公司收集了该省内 75 台变压器设备油中溶解气体历史数据,其中 60 台设备为正常设备,其余 15 台为故障设备,设备数据总量为 4.5 万条,数据采集时间为 2011—2012 年,采集间隔为 1天。利用这些变压器设备数据,我们对所提出故障诊断方法与对比方法进行测试,计算正常与故障设备诊断结果的准确率和召回率,以此评价设备故障诊断的准确性。

本部分中设备故障诊断方法的检验过程以分层交叉验证的形式进行,60 台正常设备与 15 台故障设备分别随机分为 5 等份,其中 1 份作为测试样本计算不同故障诊断方法的准确率和召回率,其余 4 份作为训练样本训练故障诊断模型。故障诊断方法评价包括准确率与召回率两个指标。为对比所提出方法的优势,本章选择了一些现有文献中的具有代表性的基于数据的故障诊断方法与本章提出的方法进行对比。所选择的对比方法包括支持向量机(SVM)与人工神经网络(ANN)两种监督式学习模型、主成分分析(PCA)与 K 邻近算法(K-NN)两种非监督式学习模型,还有 Grbovic et al. (2013)提出的组合模型(CS)以及 Dong et al. (2017)提出的自适应诊断模型(AHr)。在对比过程中,支持向量机的核函数采用高斯核函数;人工神经网络采用三层前反馈式神经网络,每层神经元的数量为 100;K 邻近算法中最近邻近点的数量选择 20;主成分分析方法中置信度水平为 95;Grbovic et al. (2013)提出的组合模型中,支持向量机与主成分分析方法的诊断结果采用"或"运算进行组合,该组合方式在 Grbovic et al. (2013)提出的数值实验中出现第一类错误的次数最少;Dong et al. (2017)提出的自适应模型中立方体样本的数量为 100,自采样半径为 0.005。

表 5-4 展示了本章提出的故障诊断方法(AEFD)与现有方法准确率与召回率的对比结果。如表 5-4 所示,与其他六种故障诊断方法相比,本章提出的故障诊断方法具有更高的准确率。K 邻近算法的召回率略微高于本章所提出的方法(近 3%),但该方法的准确率远低于本章提出的方法(近 23%)。总体来看,本章提出的故障诊断方法与现有方法相比具有更高的准确性,能够准确识别变压器设备故障。

表 5-4　**AEFD 与现有方法准确率、召回率对比结果(变压器数据集)**

指标		样本 1	样本 2	样本 3	样本 4	样本 5	平均值
准确率	AEFD	0.95	0.86	0.87	0.95	0.95	0.91
	ANN	0.98	0.92	0.90	0.80	0.84	0.89
	SVM	1.00	0.91	0.93	0.77	0.82	0.89
	CS	0.65	0.77	0.70	0.65	0.62	0.68
	K-NN	0.68	0.84	0.64	0.56	0.69	0.68
	PCA	0.65	0.79	0.68	0.63	0.59	0.67
	AHr	0.35	0.37	0.30	0.30	0.35	0.33
召回率	k-NN	0.96	0.95	0.99	0.94	0.91	0.95
	AEFD	0.96	0.91	0.90	0.92	0.90	0.92
	AHr	0.94	0.95	0.85	0.87	0.94	0.91
	CS	0.69	0.86	0.66	0.97	0.54	0.74
	ANN	0.73	0.86	0.58	0.65	0.54	0.67
	PCA	0.66	0.82	0.59	0.85	0.44	0.67
	SVM	0.21	0.72	0.52	0.73	0.52	0.54

6 基于时域特征的设备故障
隐患在线诊断方法

复杂运作系统的各环节紧密相连,其中设备一个小部件发生的故障就有可能导致整个系统崩溃,危害生命财产安全。因此,如何发现设备隐蔽性故障和识别设备隐患已成为当前复杂运作系统设备可靠性管理领域重点研究课题。

本章研究基于数据的设备故障隐患识别问题,提出了一种结合时域特征分析的非平稳系统故障隐患识别方法。该方法以电力系统变压器设备巡检与故障诊断为背景,利用排列熵、小波熵进行变压器电流、电压信号的特征提取,综合变压器各监测指标在复杂度、时频域等方面的变异情况,并通过机器学习算法从故障特征中自动学习诊断逻辑,实现在设备非停机条件下的故障隐患智能识别。我们以国家电网变压器设备绕组变形故障诊断为实际应用背景,研究结果表明:所提出的方法能够在保持设备运行的条件下,有效识别出过去需要将设备停机后用专业设备才能识别的设备故障隐患。

6.1 设备故障隐患的识别概述

当电力设备(如变压器)受到碰撞或短路冲击后,其小部分零部件(如绕组)在机械力或电动力的作用下可能出现一定的形变或偏移,可能对电力设备的运行安全造成故障隐患。这些故障隐患具有隐蔽性、渐变性等特征,即设备部件的异常难以被直接观测到,且设备出现问题后在相当长一段时间内仍能保持正常运行。如果这些问题长时间未得到处理,则可能导致问题的加剧,直至设备损坏。

例如,变压器绕组变形是一类隐蔽性较强的故障类型。在受到短路冲击后,变压器的内部绕组可能出现局部扭曲、鼓包或移位等故障隐患。这时,变压器仍能保持正常运行,且这些故障隐患从设备外观上是看不出来的,尽管实际上该设备已经处于较为危险的亚健康状态,并可能在未来对电力系统的安全运行造成重大影响。因此,有必要对设备故障隐患识别问题进行深入研究,建立高准确率和高效率的故障识别模型,以便及时对存在故障隐患的设备进行处理维修,以保证电力系统的安全可靠运行。

按照是否需要停机检测的差别,设备故障隐患的识别方法可以分为离线诊断和在线诊断两种类型(张炜等,2013)。其中,离线诊断方法在检查故障隐患时需要停电实验。受检测成本和误工成本影响,此类方法在实际应用中检测周期较长,而一些发展较快的故障隐患很容易在两次规定试验之间的时间内发展成为事故。另外,离线试验的时间集中,工作量大,需要大量的人力成本和时间成本。比较而言,在线诊断方法利用设备的在线监测数据进行分析并得出其故障隐患的诊断结果。因此,与离线诊断相比,在线诊断方法可以减少设备的停止时间,节省试验费用,但往往准确诊断分析比较困难。本章以电力系统变压器设备的在线诊断为例,研究在无须干扰设备正常运行的情况下,简单、迅速和准确地判断变压器设备是否存在故障隐患的方法,从而极大地提高设备故障隐患巡检工作的效率。

针对设备故障隐患在线诊断方法的研究,国内外的研究结果主要可分为三类,即基于模型的方法、基于知识的方法和基于信号处理的方法(Frank,1990)。

6.1.1 基于模型的方法

基于模型的方法在已有精确模型的基础上,分析在线监测数据,并依据通过模型计算得到的数值是否超过了特定的阈值,判断是否发生故障。具体包括状态估计、参数估计、等价空间等方法。大型复杂的运作系统由于很难确立一个十分精确的系统模型和阈值,因此往往需要用大量的历史数据来验证模型的可用性(董磊等,2012)。这就限制了基于模型方法的适应性。

6.1.2　基于知识的方法

基于知识的方法依靠专家系统对收集的数据按照知识库的规则进行分析和推理,以推断未来故障发生的可能性。具体包括模糊推理法和故障树法等(范帅等,2010)。这种方法与基于模型的方法存在的一个共同局限是,都只利用了当前时间点的状态数据作为专家系统(或者模型)的输入,而忽略了在线监测数据序列在时间上的顺序信息。因此,这两种在线诊断方法只是在数据获取渠道方面由离线变成了在线,而本质上仍属于离线静态方法。

6.1.3　基于信号处理的方法

基于信号处理的方法以故障特征参数监测的某段序列为对象进行分析,利用信号处理技术,如小波变换、傅里叶变换等,提取前后信号序列的幅值、方差和信息熵等信息。相比前两种方法,基于信号的在线诊断方法利用了在线数据相比离线数据的时间序列的顺序信息。当然,基于信号处理的方法既不依赖于精确的系统模型,也不依赖于专家知识,因此缺乏与故障机制相关的理论支撑,没有能力解释诊断过程和依据的实际意义,使得诊断结果缺少科学性和可解释性,这也是基于信号处理的方法的目前的一个重要不足。

针对现有方法存在的不足,本章提出了一种结合了信息熵与支持向量机的设备故障隐患在线诊断方法。信息熵是一种基于复杂性量度的非线性动力学方法。信息熵中的排列熵和小波熵已经在电力系统故障诊断中有了应用基础。例如,基于排列熵算法的电力系统故障信号分析(Bandt and Pompe,2002)、输电线路故障诊断(Hu et al.,2006),以及基于小波熵算法的电能质量扰动识别、直流系统环网接地故障诊断(Wang et al.,2013)等。本章利用排列熵、小波熵进行故障隐患监测信号的特征提取,并通过支持向量机实现对变压器是否存在绕组变形等故障隐患的诊断。该方法的优势在于可以综合该变压器各监测指标在复杂度、时频域等方面的变异情况,并通过机器学习算法实现智能诊断。

6.2 信息熵与故障隐患的时频域分析

在基于信号分析的在线故障隐患诊断方法中,特征提取是影响诊断结果的重要环节。除了常用的监测信号的幅值、频率和方差以外,信号的信息熵也是最近故障诊断研究中一个常用特征。该特征尤其适用于非线性、非平稳信号序列的分析。从物理意义上看,信息熵是当维数发生变化时信号序列中产生新模式概率的大小;而产生新模式的概率越大,序列越复杂,信息熵越高。目前信息熵应用比较广泛的两个领域是机械和医学。在机械领域中,可以采用设备的振动信号在正常和故障两种状态下不同的信息熵特征作为其故障诊断的依据(Ma et al.,2018;An and Pan,2017;Li et al.,2016);在医学领域中,可以根据患者的脑电信号(Redelico et al.,2017)、心电信号(Kumar et al.,2017)或肌电信号(Dostál et al.,2018)在健康和疾病等不同状态下的信息熵特征来辅助疾病的诊断决策。

信息熵与不同的系统分析理论方法相结合,可以泛化出许多适用于不同特点的信号复杂度描述方法。这些方法包括近似熵(approximate entropy)(Pincus,1991)、样本熵(sample entropy)(Richman and Moorman,2000)、模糊熵(fuzzy entropy)和排列熵(permutation entropy)(Bandt and Pompe,2002),以及一些将信号分解方法与信息熵结合的小波包能量熵(wavelet packet energy entropy,简称小波熵)等。近似熵是最早被提出的信号复杂度表示方法,其计算原理来自 Kolmogorov-Sinai 熵。近似熵被定义为过程的信息产生率,且能体现系统的动态行为。但是近似熵强烈依赖信号序列数据的长度,其大小将随数据长度的变化而改变。样本熵是基于近似熵的一种改进方法。由于在近似熵的计算过程中去除了自匹配的计算,样本熵结果不再依赖数据的长度。通过在信息熵中引入模糊隶属度的概念,模糊熵试图解决样本熵计算中函数边缘的不连续和突变等问题。近似熵、样本熵和模糊熵三种方法在应用过程中都要反复进行矩阵运算,计算复杂度高,耗时长。相对而言,排列熵是一种基于邻域的时间序列复杂度测量方法,不仅保留了其他方法的优点,而且计算更简单,计算速度更快,因此成为目前信息熵研究中应用最多的一种度量方法。排列熵的算法分为以下五步。

①采用相空间重构延迟坐标法对一维时间序列 x 中任意一个元素 $x(i)$ 进行相空间重构,得到如下矩阵:

$$\begin{bmatrix} x(1) & x(1+\tau) & \cdots & x(1+(m-1)\tau) \\ \vdots & \vdots & & \vdots \\ x(j) & x(j+\tau) & \cdots & x(j+(m-1)\tau) \\ \vdots & \vdots & & \vdots \\ x(K) & x(K+\tau) & \cdots & x(K+(m-1)\tau) \end{bmatrix} \tag{6-1}$$

其中,$j=1,2,\cdots,K$,K 为重构分量的数目,m 为嵌入维数,τ 为延迟时间,$x(j)$ 为重构矩阵的第 j 行分量。

②对 $x(i)$ 的重构向量的各元素进行升序排列,得到 $j_1,j_2,\cdots,j_m$。m 维相空间映射下最多可以得到 $m!$ 个不同的排列模式,$P(l)$ 表示其中一种排列的模式:

$$P(l)=(j_1,j_2,\cdots,j_m) \tag{6-2}$$

其中,$l=1,2,\cdots,k$,且 $k\leqslant m!$。

③对 x 序列各种排列情况下出现次数进行统计,计算各种排列情况出现的相对频率:

$$P_i=\frac{\text{num}(P(l))}{k} \tag{6-3}$$

其概率为 $p_1,p_2,\cdots,p_k$。

④信号排列模式的熵为:

$$H=-\sum_{i=1}^{k}P_i\ln P_i \tag{6-4}$$

⑤计算序列归一化后的排列熵为:

$$H=\frac{-\sum_{i=1}^{k}P_i\ln P_i}{\ln(m!)}。 \tag{6-5}$$

排列熵只能反映当前一维时间序列的复杂度。考虑到外界温度、天气等因素的影响,信号也可能会突变,产生噪声,因此需要排除噪声的干扰。

小波熵是小波分解与能量熵的结合,可以体现信号在不同尺度上的复杂度 (Hu et al.,2016)。小波包能量熵越大,表示频段内能量分布越均匀,序列的复杂度越高。小波分解的实质是将信号 $f(n)(n=0,1,2,\cdots,N-1)$ 通过不同的滤波器进行不断的细分,将信号分解为不同尺度(M)上的子信号,包括一系列频段二进划分的高频细节子带信号 $D_1,D_2,\cdots,D_M$ 与低频近似子带信号 $A_M(n)$,即有:

$$f(n) = D_1(n) + D_2(n) + \cdots + A_M(n) = \sum_{j=1}^{M} D_j(n) + A_M(n) \qquad (6\text{-}6)$$

将信号进行小波分解后,可以得到信号在每个频段 $i(i=1,2,\cdots,n)$ 内的小波能量 $E_1,E_2,\cdots,E_n$。根据小波变换前后能量守恒定律,某一时间窗内信号的总功率 E 等于各分量功率 E_i 之和。设小波相对能量 e_i 为:

$$e_i = \frac{E_i}{\sum E_i} \qquad (6\text{-}7)$$

其中,$\sum_{i=1}^{n} e_i = 1$。总能量熵等于各个频段的小波相对能量的信息熵的总和:

$$H = -\sum e_i \ln e_i \qquad (6\text{-}8)$$

6.3 结合时频域特征分析的设备故障隐患在线识别方法

结合时频域特征的设备故障隐患在线识别方法是:从信息熵角度挖掘设备故障的隐性特征,找到不同设备故障前后的共性规律,完成设备故障的模式提取;进而将提取出的特征信息输入支持向量机中,对待测设备进行在线故障隐患诊断,以推断出待测设备当前状态。

在上述方法中,特征提取是成功的关键。由于排列熵与小波熵都只利用了时间序列的排序信息,为了综合判断时间序列的状态变化,还需要对序列中数值的大小进行度量。因为均值的变化能比较稳定地反映出设备各指标数值的变化情况,因此将序列数值的均值与排列熵、小波熵组合起来建立的特征集可以优势互补,综合反映设备状态监测信号时间序列在时域、频域和不同尺度下的复杂度以及数值的变化情况。综上所述,本章提出的特征提取方法的具体步骤如下。

①将经专家知识筛选和重构的在线监测指标的记录值按最大最小公式归一化到[0,1]区间以去量纲化:

$$x^* = \frac{x - x_{\min}}{x_{\max} - x_{\min}} \tag{6-9}$$

②计算所有监测指标在前后两段序列的排列熵(PE)、小波熵(WE)和均值(AVG)。排列熵反映的是序列的整体复杂度情况;小波熵反映的是序列在不同尺度下的复杂度分布情况,同时具有降噪作用;均值的变化能比较稳定地反映各指标数值的变化情况。计算均值的原因在于,排列熵与小波熵都反映的是时间序列的复杂度,只利用了数据的排序信息,而忽略了本身数值信息。因此,使用排列熵、小波熵和均值的组合特征可以将三个指标的优势互补,综合反映该监测指标在时域、频域和不同尺度下的复杂度以及数值的变化情况。

③计算所有指标在前后序列上的排列熵、小波熵和均值的均方根误差 $\mathrm{RMSE_{PE}}$、$\mathrm{RMSE_{WE}}$、$\mathrm{RMSE_{AVG}}$。以排列熵为例,计算过程为:i 表示某变压器状态监测的第 i 个指标($i=1,2,\cdots,n$),n 表示该设备的监测指标总个数。$X_{i_{\text{before}}}$ 表示该变压器第 i 个监测指标的前段序列的排列熵值,$X_{i_{\text{after}}}$ 表示该变压器第 i 个监测指标的后段序列的排列熵值。$X_{i_{\text{before}}} - X_{i_{\text{after}}}$ 则是该指标前后的排列熵差,对其取平方以消除负数的影响,然后按照该方法计算出所有指标排列熵差的平方,取平均值再开根号后,即得出该设备前后排列熵的均方根误差 $\mathrm{RMSE_{PE}}$:

$$\mathrm{RMSE_{PE}} = \sqrt{\frac{\sum_{i=1}^{n}(X_{i_{\text{before}}} - X_{i_{\text{after}}})^2}{n}} \tag{6-10}$$

按照同样的方法可以算出 $\mathrm{RMSE_{WE}}$ 和 $\mathrm{RMSE_{AVG}}$。将按照上述步骤计算得到的三个特征向量进行合并,即得到设备运行状态的特征向量 $[\mathrm{RMSE_{PE}},\mathrm{RMSE_{WE}},\mathrm{RMSE_{AVG}}]$。

在上述特征提取结果的基础上,我们利用支持向量机模型进行故障隐患诊断决策。支持向量机是一种机器学习方法,能够较好地解决小样本、非线性和高维数据的分类问题。支持向量机以结构风险最小化为目标,针对线性可分的数据,找到一个超平面将两类数据分割开来,并且使两类的间隔最大,离分割面最近的点被称为支持向量。假设给定的样本 $\{x_i, y_i\}$, $i=1,2,\cdots,N$, $y_i \in \{-1,+1\}$, $x_i \in R^d$,如果存在分类超平面 $\omega x + b = 0$,使得:

$$y_i(\omega x_i + b - 1) \geqslant 0, \quad i = 1,2,\cdots,n \tag{6-11}$$

则称训练集为线性可分,最优分类问题也就转化为约束优化问题,就是在式(6-11)的约束条件下,求目标函数的最小值:

$$\varphi(x) = \frac{1}{2}\|\omega\|^2 \tag{6-12}$$

此时的分类面即最优超平面。基于统计学习理论,求解最优分类问题也可以转化为求解下面的方程,即

$$\min \frac{1}{2}\omega^T\omega + C\sum_{i=1}^{n}\xi_i,$$

$$\text{s. t.} \begin{cases} y_i(\omega^T f(x_i) + b) \geqslant 1 - \xi_i \\ \xi_i \geqslant 0, i = 1,2,\cdots,n \end{cases} \tag{6-13}$$

其中, ξ_i 为考虑到一些样本不能被正确分类而引入的松弛变量; C 是对错误分类的惩罚系数, $C \geqslant 0$; n 为分类样本个数。求解式(6-13)描述的优化问题,可以得到如下形式的最优分类函数,即

$$f(x) = \text{sign}(\omega x + b) = \text{sign}\left(\sum_{i=1}^{N} a_i y_i(x_i x) + b\right) \tag{6-14}$$

其中, a_i 为二次规划中得到的拉格朗日因子。

对于线性不可分的数据,可以找到一个核函数将数据映射到一个高维空间,再用超平面进行分割。可用的核函数除了线性函数外,还有多项式、RBF 函数、三角函数等非线性函数。选用适当的映射函数,可使线性不可分问题在属性空间转化为线性可分问题。支持向量机将设备运行状态分为正常和故障两种状态,将特征提取步骤中获取的特征向量 $[\text{RMSE}_{\text{PE}}, \text{RMSE}_{\text{WE}}, \text{RMSE}_{\text{AVG}}]$ 输入支持向量机模型,即可得到设备故障决策结果。

6.4 变压器绕组变形故障诊断应用

为验证本章提出的故障诊断方法的有效性,本部分以电力变压器设备的真实数据集为例,应用本章提出的故障诊断方法,开展设备故障隐患诊断方法的检验。检验数据包括来源于国家电网某省电力公司提供的 29 台变压器的在线运行数据。这些变压器均为三相三绕组结构,包括 23 台经检测正常的变压器和 6 台经检测已绕组变形的变压器。

首先,需要选择出与故障相关的监测指标。根据领域专家知识,主要有 4 个变量可能与变压器绕组变形故障隐患存在相关关系:电压、电流、功率和油温。因此,选择绕组变形的监测指标应包括三绕组中各绕组下的三相电流、三相电压、有功功率、无功功率、母线电压一共 27 个指标,再加上 2 个油温指标,总计 29 个指标,如表 6-1 所示。在本章搜集的 29 台变压器监测数据中,只有三台变压器具有完整的 29 个监测指标,其余变压器都存在缺失监测指标的情况。因此,本章的模型需要考虑变压器个体差异大和监测指标不完全的情况。

表 6-1 指标筛选结果

类别	高压绕组	中压绕组	低压绕组
A 相电流	指标 1:高压绕组 A 相电流值	指标 2:中压绕组 A 相电流值	指标 3:低压绕组 A 相电流值
A 相电压	指标 4:高压绕组 A 相电压值	指标 5:中压绕组 A 相电压值	指标 6:低压绕组 A 相电压值
B 相电流	指标 7:高压绕组 B 相电流值	指标 8:中压绕组 B 相电流值	指标 9:低压绕组 B 相电流值
B 相电压	指标 10:高压绕组 B 相电压值	指标 11:中压绕组 B 相电压值	指标 12:低压绕组 B 相电压值
C 相电流	指标 13:高压绕组 C 相电流值	指标 14:中压绕组 C 相电流值	指标 15:低压绕组 C 相电流值
C 相电压	指标 16:高压绕组 C 相电压值	指标 17:中压绕组 C 相电压值	指标 18:低压绕组 C 相电压值

类别	高压绕组	中压绕组	低压绕组
有功功率	指标 19：高压绕组有功功率值	指标 20：中压绕组有功功率值	指标 21：低压绕组有功功率值
无功功率	指标 22：高压绕组无功功率值	指标 23：中压绕组无功功率值	指标 24：低压绕组无功功率值
母线电压	指标 25：高压绕组母线电压值	指标 26：中压绕组母线电压值	指标 27：低压绕组母线电压值
油温 1	指标 28：左上方油温值		
油温 2	指标 29：右上方油温值		

6.4.1　指标筛选与重构

指标筛选是从多数指标中筛除具有重复信息的指标，选出少数重要的指标，降低模型计算复杂度。本章采用逻辑回归方法进行指标筛选，主要原理是运用标准回归系数来判断因变量变异相同的情况下各自变量变异程度的高低。标准回归系数是对所有变量进行标准化后再输入逻辑回归模型得到的自变量系数。分别对 6 台故障样本应用逻辑回归法筛选出与变形显著相关的在线监测指标。以 YY 变(29 台变压器其中的一台变压器)为例，将每个时间点的数据作为一条记录，该时间点所有监测指标的值作为自变量，该时间点是否变形作为因变量，输入逻辑回归模型。在满足显著性阈值的前提下(即 Sig. <0.05)，可以用标准化回归系数的绝对值大小作为重要性量度。YY 变自变量按照标准化系数绝对值从高到低排序，排序结果如表 6-2 所示。在表 6-2 中，YY 变总共 28 个电压、电流、功率和油温监测指标的前 11 个均为电压和电流类监测指标。因此，电压和电流类监测指标的在诊断绕组变形中的重要性要高于功率和油温类监测指标。

表 6-2　YY 变自变量按照标准化系数绝对值从高到低排序结果

自变量	B	S. E.	Wald	df	Sig.	exp(B)
高 B 电压	−61.745	2.307	716.296	1	0.000	0.000
高 A 电压	52.048	1.741	893.877	1	0.000	4.02E＋22

续表

自变量	B	S. E.	Wald	df	Sig.	$\exp(B)$
低 A 电压	48.614	1.705	812.611	1	0.000	1.297E+21
低 B 电压	−26.697	1.687	250.349	1	0.000	0.000
低 C 电压	−22.554	0.970	540.821	1	0.000	0.000
中 A 电流	−13.331	0.666	400.861	1	0.000	0.000
高 C 电压	10.690	2.252	22.528	1	0.000	43913.091
低 C 电流	−9.658	0.510	358.670	1	0.000	0.000
中 B 电流	9.376	0.433	468.443	1	0.000	11799.370
低 B 电流	8.503	0.666	163.094	1	0.000	4928.736
高 B 电流	7.846	0.538	212.753	1	0.000	2554.470
低无功	−5.940	0.329	325.378	1	0.000	0.003
中 C 电压	−5.533	0.536	106.394	1	0.000	0.004
低 3U	5.508	0.125	1936.639	1	0.000	246.575
高无功	−4.711	0.324	211.823	1	0.000	0.009
中 C 电流	3.741	0.732	26.094	1	0.000	42.153
高 C 电流	−3.572	0.490	53.045	1	0.000	0.028
中 B 电压	2.863	0.707	16.401	1	0.000	17.517
中 A 电压	2.584	0.551	21.963	1	0.000	13.253
低有功	−2.348	0.759	9.563	1	0.002	0.096
中有功	1.574	0.234	45.286	1	0.000	4.826
中无功	−1.503	0.100	226.504	1	0.000	0.222
低 A 电流	−1.132	0.516	4.815	1	0.028	0.322
高 A 电流	−1.035	0.558	3.433	1	0.064	0.355
高 3U0	0.704	0.029	589.676	1	0.000	2.021
中 3U0	0.697	0.037	348.405	1	0.000	2.008
高有功	0.553	0.481	1.323	1	0.250	1.739
油温 1	−0.031	0.024	1.703	1	0.192	0.970

　　为验证上述结论是否适用于所有变压器,我们用本书提出的模型做了两次试验:试验一使用各变压器全部的电压、电流、功率和油温四大类在线监测数据;试验二仅使用各变压器电压和电流两类在线监测数据。试验二的模型诊断精度(包括正确率、准确率、召回率)均与试验一相等。这说明去除功率和油温指标并不会对诊断精度产生影响,即电压和电流数据在绕组变形的诊断中起决定性作用。

　　因此,我们从 29 个监测数据中筛选出各绕组各相的电压、电流共 18 个在线监测指标。即每台变压器都只留下电压、电流类的监测数据。在 30 台已知状态的变压器中,ZZ 变没有任何电压、电流类的监测指标,无法作为建模样本,从案例库中删除。剩余 29 台变压器作为建模样本。

　　根据专家知识,三相不平衡率是检测变压器绕组变形的常用方法之一,即通过对变压器同一电压等级的 A、B、C 三相绕组幅频响应特性进行比较,计算三相的不平衡率,来判断变压器绕组是否变形。其原理在于,三相的电压和电流在正常情况下幅值是相等的,如果某一相发生变形,三相就会处于不平衡状态。因此,我们在数据预处理时计算出每侧的 A、B 相以及 B、C 相的电流和电压差值,构建新的监测指标。为了保留最多的原始信息,原来的电压电流数据依然保留没有被替换掉,只是增加了 12 个相差监测指标。以低压侧为例,电流电压相差值计算方法如下:

　　低压侧 A、B 相电流差＝低压侧 B 相电流幅值－低压侧 A 相电流幅值

$$(6\text{-}15)$$

　　低压侧 B、C 相电流差＝低压侧 C 相电流幅值－低压侧 B 相电流幅值

$$(6\text{-}16)$$

　　低压侧 A、B 相电压差＝低压侧 B 相电压幅值－低压侧 A 相电压幅值

$$(6\text{-}17)$$

　　低压侧 B、C 相电压差＝低压侧 C 相电压幅值－低压侧 B 相电压幅值

$$(6\text{-}18)$$

6.4.2　特征提取

　　我们提取 29 台建模样本的监测指标在前后两段序列的排列熵、小波熵、均值的均方根误差,加上历史短路记录的平均短路电流(未发生短路则为 0),构造

特征集。

根据样本的数据特点,特征提取的具体步骤如下。

步骤一:按最近一次短路时间 2015 年 1 月 24 日划分为短路前(2013 年 11 月 1 日—2015 年 1 月 24 日)和短路后(2015 年 1 月 24 日—2015 年 8 月 13 日)两段序列 T_{before} 和 T_{after}。

步骤二:将所有指标按最大最小归一化公式 $x^* = \dfrac{x - x_{\min}}{x_{\max} - x_{\min}}$,转化到[0,1] 区间以去量纲化。

步骤三:计算筛选和重构后的监测指标在前后两段序列的排列熵(PE)、小波熵(WE)、均值(AVG)。均值由该监测指标在所有观测记录中的算术平均值表示。

步骤四:计算各变压器监测指标前后两段序列的排列熵、小波熵、均值的均方根误差 $\mathrm{RMSE}_{\mathrm{PE}}$、$\mathrm{RMSE}_{\mathrm{WE}}$ 和 $\mathrm{RMSE}_{\mathrm{AVG}}$,计算过程以排列熵为例。$i$ 表示该变压器的第 i 个指标($i=1,2,\cdots,n$),n 表示该变压器筛选和重构后的监测指标总个数。$X_{i_{\mathrm{before}}}$ 表示该变压器第 i 个监测指标的前段序列的排列熵值,$X_{i_{\mathrm{after}}}$ 表示该变压器第 i 个监测指标的后段序列的排列熵值。$X_{i_{\mathrm{before}}} - X_{i_{\mathrm{after}}}$ 则是该指标前后的排列熵差,对其取平方以消除负数的影响,然后按照该方法计算出所有监测指标排列熵差的平方和,取平均值再开根号后,即得出该变压器前后排列熵的均方根误差 $\mathrm{RMSE}_{\mathrm{PE}}$:

$$\mathrm{RMSE}_{\mathrm{PE}} = \sqrt{\frac{\sum\limits_{i=1}^{n}(X_{i_{\mathrm{before}}} - X_{i_{\mathrm{after}}})^2}{n}} \tag{6-19}$$

按照同样的方法可以算出 $\mathrm{RMSE}_{\mathrm{WE}}$ 和 $\mathrm{RMSE}_{\mathrm{AVG}}$。以 YY 变为例,计算得出 YY 变的前后序列的平均排列熵差、小波熵差和均值差分别为 0.3152、19.4352 和 0.0692,计算过程见附录。

步骤五:在该变压器的历史短路记录中计算出平均短路电流 I_{short},由每次短路时故障感应器记录的短路电流大小的算术平均值表示。如 YY 变历史上只短路过 1 次,该次短路电流的大小为 9.2kA,平均短路电流为 9.2kA/1=9.2kA。

步骤六:I_{short} 与以上步骤得出的三个特征进行拼接,合并为特征集 $[\mathrm{RMSE}_{\mathrm{PE}}, \mathrm{RMSE}_{\mathrm{WE}}, \mathrm{RMSE}_{\mathrm{AVG}}, I_{\mathrm{short}}]$。如 YY 变四个特征值合并为[0.3152,19.4352,0.0692,9.2],即构成 YY 变的特征集。

　　为了探究排列熵是否能作为变压器变形后的判断指标,我们用一台短路后发生了变形的变压器(YY 变)和短路后未发生变形的变压器(FM 变)进行对比分析。如图 6-1 和图 6-2 所示,YY 变大部分监测指标在短路前和短路后序列的排列熵值都有明显差异,具体表现在短路后低压侧电流相差、中压侧电压相差、高压侧电流及高压侧电压相差指标短路后的排列熵值显著低于短路前,推断出 YY 变短路后出现了故障而导致运行状态发生了变化。而 FM 变所有监测指标短路前和短路后的排列熵值都大致相等,推断短路没有影响 FM 变的正

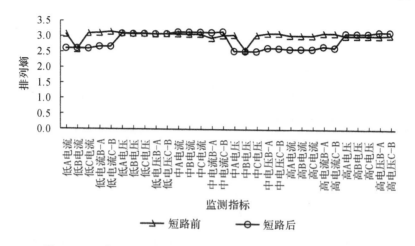

图 6-1　YY 变(发生了变形)短路前后各监测指标排列熵变化情况

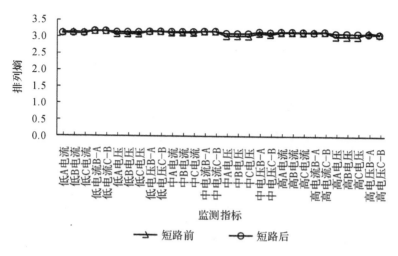

图 6-2　FM 变(未发生变形)短路前后各监测指标排列熵变化情况

常运行。因此,变压器监测指标的排列熵特征可以反映出运行状态的变化,排列熵可以作为判断变压器是否变形的特征之一。

为了说明将排列熵与小波熵结合起来的必要性,我们以某一运行指标中压 B 相电压为例,对该监测指标短路前和短路后两段序列分别取小波分解后的前 5 个子信号计算小波熵。观察图 6-3、图 6-4 可得,发生了变形的 YY 变短路前后的小波熵在第 1、2、4 三个尺度上有明显差异,而未发生变形的 FM 变短路前后的小波熵在第 1 尺度的子信号上有明显差异,在第 2—5 尺度上差异均不明

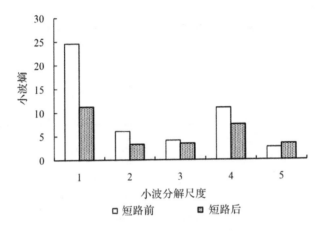

图 6-3 YY 变(发生了变形)短路前后中压 B 相电压指标各尺度下的小波熵

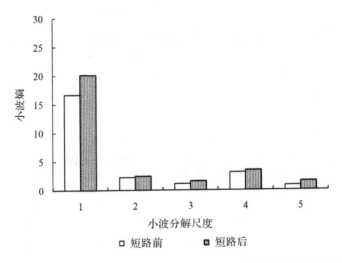

图 6-4 FM 变(未发生变形)短路前后中压 B 相电压指标各尺度下的小波熵

显。因此,仅以第1尺度的信息熵是否发生显著变化难以准确判断出变形,小波熵可以从多尺度综合判断变压器绕组是否变形。

诊断绕组变形具体位置的主要环节为位置子样本特征提取。在6台已变形的变压器中,只有YY变、WT变和XX变这3台变压器已经明确了各变压器内部发生变形的位置与未发生变形的位置。将这3台变压器按三相三绕组拆分为9个位置子样本,构成27个新的位置子样本,作为位置诊断的建模样本。分别计算每个位置子样本的下属监测指标前后两段序列归一化后的排列熵、小波熵、均值的均方根误差,并加上该位置子样本上的累计短路电流大小,构造四维特征集。

排列熵差(即监测指标前后序列的排列熵均方根误差)和均值差(即监测指标前后序列的均值的均方根误差)的二维散点图如图6-5所示。变形的位置子样本多聚集在图的右上角,而正常的位置子样本多聚集在图的左下角,说明变形样本

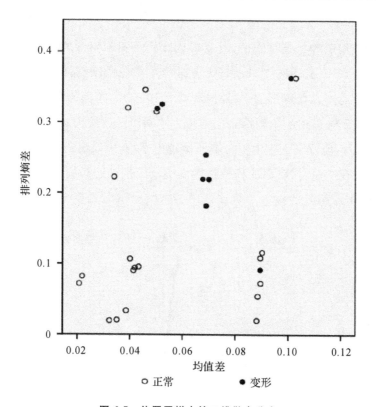

图6-5 位置子样本的二维散点分布

的前后序列排列熵差和均值差要比正常样本大,即变形导致各监测指标的排列熵和均值发生变化,这进一步证明了排列熵和均值在诊断绕组变形中的作用。

为了更直观地表示出短路前、短路时、短路后三个时间段内变压器监测指标的排列熵状态差异,我们使用滑动重叠时间窗对在线监测时间序列的排列熵进行分析。滑动重叠时间窗的基本原理如图 6-6 所示,即用一个固定单位长度的时间窗在时间序列上滑动,计算时间窗内的统计指标,每次只往后滑动一个指定的单位长度。例如,以 100 为时间窗长度,10 为滑动单位,在时间序列上从前往后依次取时间窗格[1,100],[11,110],[21,120]……,计算每个时间窗格内序列的排列熵。

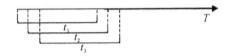

图 6-6　滑动重叠时间窗

我们使用滑动重叠时间窗,对变形的 YY 变和未变形的 FM 变进行对比分析,由于 YY 变和 FM 变最近一次短路均发生在低压侧,对低压电流 B－A 监测序列进行小波降噪后,取短路时刻前后 100 个时间窗计算时间窗内的排列熵。如图 6-7 与 6-8 所示,短路期间对应图中第 91—102 个窗格。从图中可看出,YY 变短路前低压电流相差的排列熵较为平稳,短路时迅速下降至 0,短路后持续维持在 0 左右,短路前和短路后低压电流相差的排列熵水平差异巨大,而FM 变低电流相差的排列熵短路前、短路时、短路后均保持在稳定水平。因

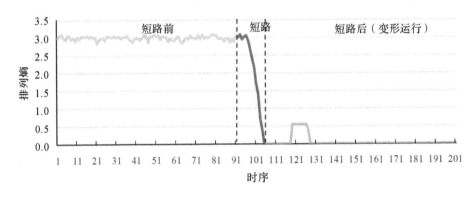

图 6-7　YY 变短路前后低压电流 B－A 排列熵变化情况

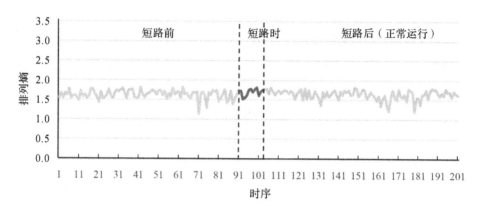

图 6-8　FM 变短路前后低压电流 B－A 排列熵变化情况

此,推断短路使 **YY** 变前后运行状态发生了显著变化,很可能发生了变形,而 FM 变短路前后状态一致,说明短路没有对运行状态造成影响,因此没有发生变形。从滑动重叠时间窗得出的这两台变压器的诊断结论与实际结果一致。

由于 YY 变短路后大部分运行数据变为 0 值,导致排列熵降为 0,但并非所有变形后的变压器运行数据会变成 0,因此 YY 变是一个比较特殊的样本,不具有很强的代表性。用另一台短路后变形运行的 XX 变进行补充验证,我们取短路时刻前后 100 个时间窗计算中压电流 C－B 的排列熵。如图 6-9 所示,XX 变短路前中压电流相差的排列熵大部分在 2.5 以上波动,而短路后排列熵大部分在 2.5 以下波动。说明这台变压器短路前后该特征值显著降低,短路前后运行状态存在差异,但差异并不十分明显,推断 XX 变可能发生了轻微变形。

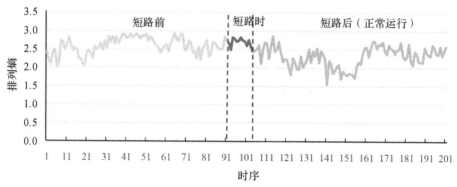

图 6-9　XX 变短路前后中压电流 C－B 排列熵变化情况

采用滑动重叠时间窗也可以分析待测变压器是否变形。以 2018 年 9 月 18 日发生短路的 PY 变为例,取短路时刻前后 100 个时间窗计算高压电流 A－B 的排列熵,短路期间对应图 6-10 中第 91—113 个时间窗格。从图 6-10 可以看出,短路前高压电流相差的排列熵大部分在 1.0～1.5 波动,短路时高压电流相差排列熵迅速下降直至 0,短路过后高压电流相差的排列熵恢复了之前的在 1.0～1.5 的波动状态,即短路前后 PY 变的状态差异不大,推断 PY 变短路后没有发生变形。

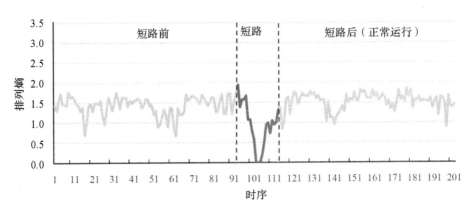

图 6-10　PY 变短路前后高压电流 A－B 排列熵变化情况

变压器绕组松动或变形本质上会导致变压器绕组的机械动力学特性的变化,因此绕组变形可能会引起监测序列信息熵的变化。绕组变形对信息熵的内在影响机制为:短路→电动力→绕组变形→绕组内部结构的相对距离发生变化→电容量等绕组参数发生变化→电流、电压产生偏差→电流、电压信号的随机性发生变化→电流、电压信号的信息熵发生变化。

接下来将分步阐述绕组变形和信息熵的内在联系。

(1)短路→电动力→绕组变形→绕组内部结构的相对距离发生变化

当变压器受到短路冲击后,巨大的短路电流形成冲击电动力。根据毕奥萨瓦定律,作用在变压器线圈上的电动力 F 与短路电流 i 的平方成正比:

$$F = bi^2。$$

在电动力 F 作用下,绕组会发生扭曲、鼓包或移位,使绕组内部结构的轴向半径 R 或径向尺寸 H 发生变化。雷达图、超声波、磁通图等方法就是采用不同的高技术设备对绕组内部结构进行直接观测,判断是否发生变形。该类方法虽然准确但成本太大,较少被采用。

(2)绕组内部结构的相对距离发生变化→电容量等绕组参数发生变化

绕组内部结构相对距离的变化会引起电容量等绕组参数的变化。变压器出厂后,其各绕组的电容量C基本是一定的,若受短路冲击某侧绕组变形严重,其元件形状发生变化,而电容量C与绕组元件的形状参数有关,即电容量是这对绕组相对位置的函数:

$$C=f(R,H)。$$

因此,变压器变形后,电容量C也相应会发生变化。绕组介损电容量测试法就是通过介损电容量与出厂值的差异情况来判断变压器的内部变形的情况。

(3)电容等绕组参数发生变化→电流、电压产生偏差

以电容量C对电流I的影响为例,电容的两极板汇集着正负电荷,当改变电容量C的大小时,两极板上的电荷量q会相应地增加或减少。而电流I是电荷量q在闭合回路中定向移动所致,单位时间内通过导线的电荷量q越多,电流I越大,反之越小。因此,当某一侧发生绕组变形导致该侧电容量C_1变化时,可以通过比较该侧电流I_1与其他侧电流I_2的偏差程度来判断其相对其他侧的变形严重程度,即

$$\frac{I_1}{I_2}=\frac{C_1}{C_2}。$$

这种判断方法也被称为电流偏差系数法,与前面方法的区别在于电流数据不需要通过停电试验获得,属于在线诊断方法的一种。但此在线诊断方法相比于离线诊断方法局限在于,接电时电流大小除了受电容影响外,还会受到电网负荷等多因素的影响,因此电流大小的变化不一定是电容量的变化引起的,直接采用电流大小作为依据并不能准确地判断绕组变形。

(4)电流、电压产生偏差→电流、电压信号的随机性发生变化

除了将电流、电压大小这些直接线性特征作为诊断依据以外,还可以从电流、电压中提取非线性特征作为诊断依据。随着机械设备和电力系统向大型化、高维化、复杂化发展,特征和故障之间的关系大部分呈现非线性关系,而非简单的线性关系。因为故障可能会对系统的混沌特性产生影响,导致系统从有序向无序,或者从无序到有序转变。例如,机械中轴承和齿轮发生故障、医学中

病人癫痫的发作、自然科学中地震的发生都是熵减(即系统随机性降低)的过程。因此随机性是检测复杂系统是否发生突变的一个有效参考。

要检验绕组变形前后,电流信号数值分布的随机性是否发生变化,可通过数据散布数理统计来表示随机性。数据散布数理统计的运算步骤如下:

①建立一个滑动时间窗,窗宽为100,步长为10;

②将滑动数据窗划分为20个数值散布区间;

③对处于滑动时间窗内的数据按数值散布区间进行划分,并记录落入每个区间内的数据数量。

以数据散布区间序号为 y 轴,时间为 x 轴,数据散布数量为灰度值,颜色越浅表示该区间分布的数值越多。绘制 YY 变和 XX 变短路前后 100 个时间窗的区域数据散布图,如图 6-11 所示。由于电流变化是由随机误差和规律波动组成的,需要将随机误差序列提取出来才能进行随机性分析,程序比较复杂,所以用两相电流差值替代,因为两相电流差值一般情况下在 0 附近随机变化。如图 6-11 和图 6-12 所示,$t=100$ 为短路变形时刻,YY 变低压电流 A、B 相差值在短路变形前随机性非常大,在 4～16 各个散布区间都有分布。而短路变形后低压电流 A、B 相差值只集中在 11 附近分布。这说明变形后,YY 变电流信号的随机性显著降低。同样,XX 变中压电流 B、C 相差值短路变形前在 2～20 各

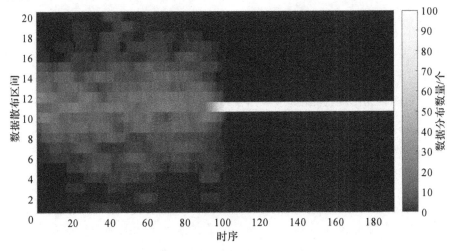

图 6-11　YY 变短路前后低压电流 B－A 数据值散布区间变化情况

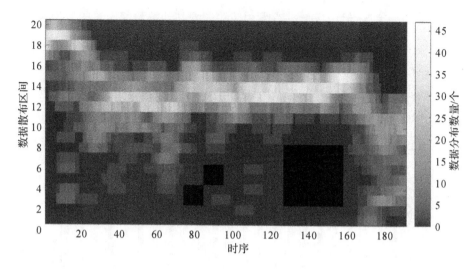

图 6-12　XX 变短路前后中压电流 C－B 数据值散布区间变化情况

个散布区间内都有分布,短路变形后集中分布在 11～16 区间,说明 XX 变形后电流信号的随机性要低于变形前。

　　本问题中,绕组变形是不可逆的,一个点发生了变形之后,其之后的时间点也必然是变形的。因此,序列异常检测的方法比点异常检测更适合。提取时间序列的特征值有多种方法,小波分解可以有效地将时间序列分解成不同频率的子序列,但小波基和小波系数难以确定。SVD 奇异值分解可以提取矩阵的特征向量,适用于多维时间序列,然而受噪声影响较大。EMD 经验模态分解可以放大微弱的时间序列异常,但是会受到突变值的影响。

　　本部分采用排列熵来进行时间序列的特征提取。排列熵是度量时间序列复杂性的指标之一,排列熵的大小表征时间序列的随机程度,值越小说明该时间序列越规则,反之,该时间序列越具有随机性。在排列熵算法的基础上发展出了诸多使用熵值对时间序列进行异常检测的算法。

　　我们对 6 台故障变压器和 2 台正常变压器进行排列熵分析。在故障变压器中,我们将时间序列分割为正常序列和故障序列两段,分别对各指标计算排列熵。在正常变压器中,我们将时间序列等分为前半部分和后半部分,再分别对各指标计算排列熵。如图 6-13 和图 6-14 所示,**故障变压器中除了 XH 变以外,正常序列和故障序列的排列熵值都有明显差异。**可能原因在于 XH 变虽然经检测有变形情况,但历史上没有发生短路。而其他故障变压器的变形都是由短路引起的。另外,选择发生过短路但是经检测没有变形的正常变压器 FM 变和 XS 变进行对比分析,取 FM 变最近一次短路前后的两段数据进行对比,而 XS 变最近一次短路的时间是 2007 年,已经没有记录了。将现有的记录等分成前半段和后半段进行对比,发现对于正常变压器,前半段和后半段的排列熵值在所有指标上都大致相等。因此,排列熵可以作为短路引起的绕组变形的故障判断指标。

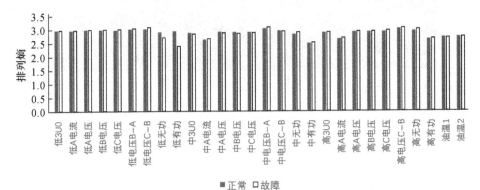

图 6-13　CJ 变故障前后排列熵变化情况

注:低 3U0 表示低电压 A、B、C 三相向量之和,低电压 B-A 表示低电压 B 相与 A 相的差值,低电压 C-B 表示低电压 C 相与 B 相的差值。根据以上同理可得到中、高电压相关指标的含义。

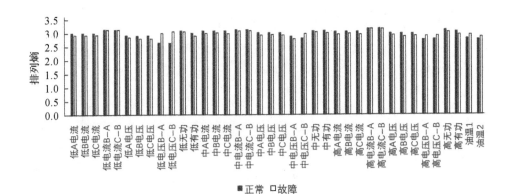

图 6-14　XX 变故障前后排列熵变化情况

6.4.3 故障诊断

本部分实验将 29 台建模样本的特征集加上是否变形的标签后，输入 SVM 中进行分类学习。在建模样本中，故障样本的总体比例为 20.69%。采用分层抽样法，随机将样本划分为 3 组，每组有 9 或 10 个样本，其中故障样本都是 2 个，保持和总体比例大致相等。在此基础上，本章采用交叉验证方法进行 5 次模型验证，每次选择 1 组作为测试集，其他 2 组作为训练集，输入 SVM 中，即可得到测试结果。在 SVM 参数寻优过程中，我们采用网格寻优法不断改变核函数(线性函数、多项式、RBF 函数、三角函数)和 $C(1,10,20,50)$ 的组合，最终确定了使准确率和召回率最高的参数组合(Kernel=线性函数，$C=10$)。

我们采用正确率(accuracy)、准确率(arecision)、召回率(recall)三个指标来衡量诊断结果的可靠性。三种指标的计算方法如下：

$$accuracy = \frac{TP+TN}{TP+TN+FP+FN} \tag{6-20}$$

$$precision = \frac{TN}{TN+FN} \tag{6-21}$$

$$recall = \frac{TN}{TN+FP} \tag{6-22}$$

其中，TP 为将正常样本识别为正常样本的记录数，TN 为将故障样本识别为故障样本的记录数，FP 为将故障样本识别为正常样本的记录数，FN 为将正常样本识别为故障样本的记录数。正确率衡量的是整体的正确度。准确率衡量的是对故障的误判情况，准确率越高，误判率越低。召回率衡量的是对故障的漏判情况，召回率越高，漏判率越低。

按上述评价指标，29 台变压器绕组变形故障诊断结果如表 6-3 所示。

表 6-3 变压器是否发生变形诊断结果

变压器	排列熵特征	小波熵特征	均值特征	短路电流	实际运行情况	模型诊断结果	判断结果
PY 变	0.029091	0.011060	12.182150	0	正常	正常	正确
CT 变	0.031660	0.052307	18.597080	0	正常	正常	正确
BD 变	0.047324	0.041433	5.890663	0	正常	正常	正确

续表

变压器	排列熵特征	小波熵特征	均值特征	短路电流	实际运行情况	模型诊断结果	判断结果
FM变	0.044372	0.073747	12.381760	4.620	正常	正常	正确
WS变	0.040196	0.055642	10.076180	0	正常	正常	正确
CN变	0.050508	0.041438	18.413440	0	正常	正常	正确
XS变	0.044608	0.036860	5.812009	0	正常	正常	正确
NW变	0.053041	0.037073	5.617001	0	正常	正常	正确
XH变	0.069976	0.017269	5.369421	0	变形	正常	错误
XL变	0.072856	0.030246	11.964700	0	正常	正常	正确
CH变	0.076216	0.031317	11.572640	0	正常	正常	正确
WT变	0.080340	0.082840	36.158400	8.001	变形	变形	正确
CL变	0.124172	0.120150	15.142940	0	正常	正常	正确
XX变	0.130729	0.054144	32.043530	7.716	变形	变形	正确
CQ变	0.087624	0.032755	16.743620	9.107	变形	变形	正确
BJ变	0.144044	0.034477	3.492386	0	正常	正常	正确
FS变#2	0.200924	0.062303	23.384350	2.440	正常	正常	正确
BH变	0.153390	0.022516	21.609960	0	正常	正常	正确
LDS变#2	0.204461	0.037733	5.550079	0	正常	正常	正确
JF变#2	0.145405	0.040460	41.524970	0	正常	正常	正确
ZF变	0.034310	0.096312	6.292372	0	正常	正常	正确
FS变#1	0.312966	0.091061	9.107400	1.828	正常	正常	正确
PQ变	0.178355	0.017431	11.679230	0	变形	正常	错误
YY变	0.315174	0.069242	19.435220	9.200	变形	变形	正确
JF变#1	0.402761	0.063921	30.478300	0	正常	正常	正确
BS变	0.020667	0.029177	4.487050	0	正常	正常	正确
YZ变#1	0.051114	0.140738	5.553115	0	正常	正常	正确
YZ变#2	0.109460	0.302911	25.784170	0	正常	正常	正确
LD变	0.002724	0.013409	5.912605	0	正常	正常	正确

统计正确分类数和错误分类数后,我们将诊断结果用混淆矩阵表示,如

表 6-4 所示。对 6 台变形的变压器识别的准确率和召回率分别为 100%（4/4）、66.7%（4/6），说明该诊断模型对正常样本的正确识别率为 100%，但对变形样本的正确识别率为 66.7%。

表 6-4 变压器是否发生变形诊断结果混淆矩阵

变压器现实情况	模型的诊断结果为正常的变压器	模型的诊断结果为变形的变压器
正常	23/23 (100%)	0/23 (0%)
变形	2/6 (33.3%)	4/6 (66.7%)

进一步地，我们采用前文所述基于信息熵与 SVM 的变压器绕组变形位置在线诊断方法，对 3 台已知变形位置的变压器拆分后的 27 个位置子样本进行在线诊断，结果如表 6-5 和表 6-6 所示。27 个位置子样本中正确诊断了 24 个样本，诊断的正确率达到了 88.9%，仅将 YY 变中压 C 相、高压 B 相两个正常的位置误判为变形，将 WT 变的中压 B 相漏判为正常。对 8 个变形的位置子样本识别的准确率和召回率分别为 77.8%（7/9）、87.5%（7/8）。从识别率来看，对正常样本的识别率为 89.5%，对变形样本的识别率为 87.5%。实验结果精度较高，证明了变形位置在线诊断模型的有效性。

表 6-5 故障变压器变形位置诊断结果

变压器	位置	实际运行情况	模型诊断结果	判断结果
YY 变	低压 A 相	正常	正常	正确
	低压 B 相	正常	正常	正确
	低压 C 相	正常	正常	正确
	中压 A 相	变形	变形	正确
	中压 B 相	变形	变形	正确
	中压 C 相	正常	变形	错误
	高压 A 相	变形	变形	正确
	高压 B 相	正常	变形	错误
	高压 C 相	变形	变形	正确

续表

变压器	位置	实际运行情况	模型诊断结果	判断结果
WT变	低压 A 相	正常	正常	正确
	低压 B 相	正常	正常	正确
	低压 C 相	正常	正常	正确
	中压 A 相	正常	正常	正确
	中压 B 相	变形	正常	错误
	中压 C 相	正常	正常	正确
	高压 A 相	正常	正常	正确
	高压 B 相	正常	正常	正确
	高压 C 相	正常	正常	正确
XX变	低压 A 相	变形	变形	正确
	低压 B 相	变形	变形	正确
	低压 C 相	变形	变形	正确
	中压 A 相	正常	正常	正确
	中压 B 相	正常	正常	正确
	中压 C 相	正常	正常	正确
	高压 A 相	正常	正常	正确
	高压 B 相	正常	正常	正确
	高压 C 相	正常	正常	正确

表 6-6　变压器变形位置诊断结果混淆矩阵

变压器位置现实情况	模型的诊断结果为正常的位置子样本	模型的诊断结果为变形的位置子样本
正常	17/19 (89.5%)	2/19 (10.5%)
变形	1/8 (12.5%)	7/8 (87.5%)

　　本部分综合利用了多台变压器的多维在线监测时序数据,实现了对绕组变形及其变形位置的在线诊断。主要研究方法和研究结论总结如下:①通过逻辑

回归法对变压器变形前后的数据进行纵向对比,发现电流、电压、功率和油温四类监测指标中只有电压、电流的监测数据与变形显著相关。②结合信息熵算法,对各台变压器之间变形前后的数据进行横向对比,发现型号不同的变压器的变形存在共同规律,即变形的变压器在短路后相关监测指标序列的信息熵会显著降低,而未变形的变压器各监测指标前后序列的信息熵基本保持一致。③通过分析各信息熵算法的优缺点,结合变形的诱发原因,建立了由排列熵、小波熵、均值、短路电流组成的四维特征集。该特征集不仅能综合反映序列在时域、频域和不同尺度下的复杂度及数值的变化情况,且利用累计短路电流和平均短路电流提高了绕组变形诊断的科学性。④将特征集与支持向量机算法结合,建立了在线诊断模型,在 29 台型号不同的变压器样本上进行了分层交叉验证,对是否变形的诊断正确率达到了 93.1%,对具体变形位置的诊断正确率达到了 88.9%,验证了模型的有效性。⑤通过分析错误诊断的可能原因,提出了提高在线诊断精度的两项建议:一方面需要继续收集发生变形的变压器案例,使案例库中变形样本和正常样本比例更加均衡,以提升模型的泛化能力;另一方面需要搜集更完整的监测数据,尤其对于发生过短路、变形的安全系数较低的变压器,需要安装对三相三绕组的电流和电压的完整监测装置,才能防止某侧数据缺失导致对变形样本的漏判,提升模型的诊断正确率。

7 结 语

对于先进制造系统和基于设备的服务系统(如智能电网系统、物流与交通运输服务系统、健康医疗服务系统等)等运作系统而言,设备的稳定可靠运行是运作系统效率和产品与服务质量的基本保证。在工业互联网广泛应用的背景下,设备的数智巡检是运作系统设备巡检工作的数字化与智能化,是设备巡检和可靠性保障一种新模式。

本书以电网的电力设备巡检为背景,综合应用统计学、运筹学、机器学习与可靠性理论等多学科理论方法,系统地提出了减少设备数据采样成本、有效提高设备故障诊断与预测准确率的数智巡检策略,主要包括:

第一,提出了一类设备运行状态在线监测数据可用性分析策略。该策略通过分析在线监测与带电检测数据的趋势一致性,评价在线监测数据的可靠性与设备监测装置的可用性。这是海量在线监测数据实用性评价的基础性课题。在这一解决难题的基础上,我们进而提出了设备运行状态在线与离线双源监测数据的融合校正方法。所提出的方法的应用实验表明,它将海量数据噪声比例从原来的30%下降到2%以下,能为设备巡检的数字化与智能化提供较坚实的数据基础。

第二,提出了一种基于在线学习的设备个性化故障诊断策略。该策略利用隐马尔可夫模型描述设备运行过程中的隐状态,通过估计设备状态转移概率与状态观测概率提取设备故障模式,以此为基础分别建立了监督式、非监督式故障诊断模型,并通过两种模型组合决策的方式,减少设备故障案例不足问题对诊断结果造成的偏差。为描述设备个性化运行特征对故障诊断决策的影响,组合决策方法针对不同待测设备设置了个性化决策参数,并利用在线学习机制在动态故障诊断的过程中对个性化参数进行更新,提升设备故障诊断结果的准确率。

第三,提出了一种基于时域特征的设备故障隐患的在线智能诊断策略。该策略利用排列熵、小波熵进行电流、电压信号的特征提取,以综合设备各监测指标在复杂度、时频域等方面的变异情况,并通过机器学习算法从故障特征中自动学习诊断逻辑,实现设备故障隐患的智能诊断。设备的"故障＋维修"策略属于故障发生之后的被动巡检策略,而"故障隐患＋在线智能诊断"一定意义上就属于故障发生之前的主动预防策略。很显然,在主动预防策略的研究与发展上,数智巡检将发挥更大的作用,体现出更多的经济与社会价值。

与目前已有的设备巡检与可靠性管理方法研究相比,本书的特点体现在以下几个方面:

一是侧重数智巡检的数据基础及其分析决策方面。已有的方法更侧重监测技术(如传感器设计)、检测工具(如电网线路的巡检机器人)发展等方面。即使一些企业开发了设备的巡检系统或平台,其主要作用也侧重设备状态的信息管理方面,而非智能决策与建模方面。

二是提出了主动预防式巡检策略。设备故障隐患的在线智能诊断策略是从故障发生之后的被动巡检策略向故障发生之前的主动预防策略转变的一种有益尝试。

三是倡导数据智能和领域专家知识的结合以实现设备数智巡检的策略。无论在设备个性化故障诊断策略的发展,还是在设备故障隐患的在线智能诊断策略的形成过程中,都体现了数据智能和领域专家知识结合的重要性及价值。

面向电力设备的数智巡检策略研究是一项具有综合性、复杂性的系统工程。作为在设备可靠性领域一种新研究方法的开拓探索,本书提出的设备故障诊断与预测方法致力于推动基于数据的设备可靠性管理理论和方法的发展,对解决我国产业升级及技术进步中出现的问题具有一定的实践意义。本书虽然取得了一些阶段性成果,但还有很多新问题未来需要进一步开展深入研究。

首先是智能巡检策略的基础性科学问题。本书第4章所提出的设备运行状态在线监测数据可用性分析策略主要基于检测信号的分解与趋势一致性分析。其基础性的科学问题包括,对于同一台设备运行状态的任意两个监测信号,如何测度其变动趋势的相似性。该问题的解决,涉及非线性非平稳序列的相关性测量、信号的时域与频域联系以及信号波动与故障的内在关系等问题。其一般评价方法是一个颇具挑战性的课题。又例如,本书第 6 章提出的基于时域特征的设备故障隐患的在线智能诊断策略,也仅仅是结合变压器设备的特点,提出的一种故障隐患主动预防策略。一般的故障隐患特征提取方法和方法论仍是值得未来大力研究的方向。

其次是设备维修策略研究。本书的研究目前只为电力设备故障诊断与预测问题提供了解决方案,在完成故障诊断和预测后,如何根据诊断与预测结果制定相应的电力设备维护策略是值得研究的问题。设备部件过早的维护、更换将造成利用率降低和资源浪费,过晚维护则会致使故障恶化,造成进一步损失。因此,设备维护决策与策略优化是一个很有意义的研究方向。

最后是其他设备领域拓展应用。本书提出的故障诊断方法从电力设备数据出发,通过数据挖掘技术提取历史数据中设备故障特征和模式建立模型,根据待测设备数据变化特征进行诊断决策。该方法对解决基于数据的在线故障诊断问题具有一定的通用性,可以拓展应用至其他领域设备故障诊断问题当中。例如,我们可以根据引擎设备数据的分布特征对本书提出的方法采用的数据挖掘模型进行调整,将其拓展应用至引擎设备故障诊断问题当中,提高故障诊断的实时性和准确性。未来可以研究如何对现有故障诊断方案进行改进和拓展,使其能够应用至其他故障诊断问题当中。

参考文献

[1] AFZAL M S, TAN W, CHEN T. Process monitoring for multimodal processes with mode-reachability constraints[J]. IEEE Transactions on Industrial Electronics, 2017(5):4325-4335.

[2] ALLAN D W, BARNES J A.. A Modified Allan Variance with Increased Oscillator Characterization Ability[C]. The 35th Annual Frequency Control Symposium, 1981:32-50.

[3] AN X, PAN L. Bearing fault diagnosis of a wind turbine based on variational mode decomposition and permutation entropy[J]. Journal of Risk and Reliability, 2017(2):200-206.

[4] ANGRISANI L, DAPONTE P, LUPÒ G, et al. Analysis of ultrawide-band detected partial discharges by means of a multiresolution digital signal-processing method[J]. Measurement, 2000(3):207-221.

[5] BANDT C, POMPE B. Permutation entropy: A natural complexity measure for time series[J]. Physical Review Letters, 2002(17):174102.

[6] BARUAH P, CHINNAM R B. HMMs for diagnostics and prognostics in machining processes[J]. International Journal Production Research, 2005: 1275-1293.

[7] BASAK A. Condition monitoring of power transformers[J]. Engineering Science and Education Journal, 1999(1):41-46.

[8] BATHELT A,RICKER N L,JELALI M. Revision of the Tennessee Eastman process model[J]. IFAC-Papers Online,2015(8):309-314.

[9] BAUM L E,PETRIE T. Statistical inference for probabilistic functions of finite state Markov chains [J]. Annual Mathematics Statistics, 1966: 1554-1563.

[10] BIN G F, GAO J J, LI X J, et al. Early fault diagnosis of rotating machinery based on wavelet packets: Empirical mode decomposition feature extraction and neural network[J]. Mechanical Systems and Signal Processing,2012:696-711.

[11] BO C,QIAO X,ZHANG G,et al. An integrated method of independent component analysis and support vector machines for industry distillation process monitoring[J]. Journal of Process Control,2010(10):1133-1140.

[12] BOOTH C, MCDONALD J R. The use of artificial neural networks for condition monitoring of electrical power transformers[J]. Neurocomputing, 1998(1-3):97-109.

[13] CHANDRASENA W, MCLAREN P G, ANNAKKAGE U D, et al. Simulation of hysteresis and eddy current effects in a power transformer [J]. Electric Power Systems Research,2006(8):634-641.

[14] CHIODO E,LAURIA D,MOTTOLA F,et al. Lifetime characterization via lognormal distribution of transformers in smart grids:Design optimization [J]. Applied Energy,2016:127-135.

[15] DAI W J,DING X,ZHU J J,et al. EMD filter method and its application in GPS multipath[J]. Acta Geodaetica et Cartographica Sinica,2006(4): 321-327.

[16] DHOTE N K, HELONDE J B. Fuzzy algorithm for power transformer diagnostics[J]. Advances in Fuzzy Systems,2013(2):1-10.

[17] DONG L I,SHULIN L I U,ZHANG H. A method of anomaly detection and fault diagnosis with online adaptive learning under small training

samples[J]. Pattern Recognition,2017:374-385.

[18] DONG L,XIAO D,LIANG Y,et al. Rough set and fuzzy wavelet neural network integrated with least square weighted fusion algorithm based fault diagnosis research for power transformers [J]. Electric Power Systems Research,2008(1):129-136.

[19] DONOHO D L. De-noising by soft-thresholding[J]. IEEE Transactions on Information Theory,1995(3):613-627.

[20] DOSTÁL O,VYSATA O,PAZDERA L,et al. Permutation entropy and signal energy increase the accuracy of neuropathic change detection in needle EMG [J]. Computational Intelligence and Neuroscience, 2018: 5-13.

[21] ERDEM O,CEYHAN E, VARLI Y. A new correlation coefficient for bivariate time-series data [J]. Physica A: Statistical Mechanics and its Applications,2014:274-284.

[22] FRANK P M. Fault diagnosis in dynamic systems using analytical and knowledge-based redundancy: A survey and some new results [J]. Automatica,1990(3):459-474.

[23] GEBRAEEL N Z,LAWLEY M A,LI R,et al. Residual-life distributions from component degradation signals: A Bayesian approach [J]. IIE Transactions,2005(6):543-557.

[24] GRBOVIC M,LI W,SUBRAHMANYA N A,et al. Cold start approach for data-driven fault detection[J]. IEEE Transactions on Industrial Informatics, 2013(4):2264-2273.

[25] HODRICK R J, PRESCOTT E C. Postwar US business cycles: An empirical investigation[J]. Journal of Money,Credit,and Banking,1997: 1-16.

[26] HU K, LIU Z, LIN S. Wavelet entropy-based traction inverter open switch fault diagnosis in high-speed railways[J]. Entropy,2016(3):78.

[27] HUA Z,YU H,HUA Y. Adaptive ensemble fault diagnosis based on online learning of personalized decision parameters[J]. IEEE Transactions on Industrial Electronics,2018(11):8882-8894.

[28] HUA Z,ZHOU J,HUA Y,et al. Strong approximate Markov blanket and its application on filter-based feature selection[J]. Applied Soft Computing, 2020:105957.

[29] ILLIAS H A,CHAI X R,ABU BAKAR A H,et al. Transformer incipient fault prediction using combined artificial neural network and various particle swarm optimisation techniques[J]. Plos One,2015(6):e0129363.

[30] JAZEBI S, VAHIDI B, HOSSEINIAN S H, et al. A Combinatorial Approach Based on Wavelet Transform and Hidden Markov Models in Differential Relaying of Power Transformers [C] 43rd International Universities Power Engineering Conference,2008:1-7.

[31] JOHNSTONE I M,SILVERMAN B W. Wavelet threshold estimators for data with correlated noise[J]. Journal of the Royal Statistical Society: Series B (Satistical Methodology),1997(2):319-351.

[32] JONES D I,EARP G K. Camera sightline pointing requirements for aerial inspection of overhead power lines[J]. Electric Power Systems Research, 2001(2):73-82.

[33] JURADO F,SAENZ J R. Comparison between discrete STFT and wavelets for the analysis of power quality events[J]. Electric Power Systems Research,2002(3):183-190.

[34] KARTOJO I H, WANG YB, ZHANG G J. Partial Discharge Defect Recognition in Power Transformer Using Random Forest[C]. IEEE 20th International Conference on Dielectric Liquids,2019:1-4.

[35] KONAR P,CHATTOPADHYAY P. Bearing fault detection of induction motor using wavelet and support vector machines (SVMs)[J]. Applied Soft Computing,2011(6):4203-4211.

[36] KRESTA J V,MACGREGOR J F,MARLIN T E. Multivariate statistical monitoring of process operating performance[J]. The Canadian Journal of Chemical Engineering,1991(1):35-47.

[37] KUMAR M,PACHORI R B,ACHARYA U R. Automated diagnosis of myocardial infarction ECG signals using sample entropy in flexible analytic wavelet transform framework[J]. Entropy,2017(9):488.

[38] LABATE D, LA FORESTA F, OCCHIUTO G, et al. Empirical mode decomposition vs. wavelet decomposition for the extraction of respiratory signal from single-channel ECG:A comparison[J]. IEEE Sensors Journal, 2013(7):2666-2674.

[39] LAWLESS J,CROWDER M. Covariates and random effects in a gamma process model with application to degradation and failure[J]. Lifetime Data Analysis,2004(3):213-227.

[40] LI H,WANG Y,LIANG X,et al. Fault Prediction of Power Transformer by Association Rules and Markov[C]. IEEE International Conference on High Voltage Engineering and Application,2018:1-4.

[41] LI Q Q, WANG W, WANG XL. Fault diagnosis of oil-immersed power transformer by DGA-NN[J]. High Voltage Engineering,2007(8):48-51.

[42] LI S,MA H,SAHA T K,et al. On particle filtering for power transformer remaining useful life estimation[J]. IEEE Transactions on Power Delivery, 2018(6):2643-2653.

[43] LI Y,XU M,WEI Y,et al. A new rolling bearing fault diagnosis method based on multiscale permutation entropy and improved support vector machine based binary tree[J]. Measurement,2016:80-94.

[44] LIN A,WANG X L. An algorithm for blending multiple satellite precipitation estimates with in situ precipitation measurements in Canada[J]. Journal of Geophysical Research:Atmospheres,2011(D21):1-19.

[45] LIN Y,LIU K,BYON E,et al. A collaborative learning framework for

estimating many individualized regression models in a heterogeneous population[J]. IEEE Transactions on Reliability,2017(1):328-341.

[46] LIU F,ZHANG Y,YAO X. Recognition of PD mode based on KNN algorithm for converter transformer [J]. Electric Power Automation Equipment,2013(5):89-93.

[47] LOU X,LIAO W,XIN J,et al. On-Line Fault Diagnosis Method for Power Transformer Based on Missing Data Repair[C]. IOP Conference Series:Materials Science and Engineering. IOP Publishing,2019:012027.

[48] LU C J,MEEKER W O. Using degradation measures to estimate a time-to-failure distribution[J]. Technometrics,1993(2):161-174.

[49] LU P,LI W,HUANG D. Transformer fault diagnosis method based on graph theory and rough set[J]. Journal of Intelligent & Fuzzy Systems, 2018(1):223-230.

[50] MA P,ZHANG H,FAN W,et al. Novel bearing fault diagnosis model integrated with dual-tree complex wavelet transform,permutation entropy and optimized FCM[J]. Journal of Vibro Engineering,2018(2):891-908.

[51] MALIK H, MISHRA S. Selection of most relevant input parameters using principle component analysis for extreme learning machine based power transformer fault diagnosis model[J]. Electric Power Components and Systems,2017(12):1339-1352.

[52] MCGEE J A,HOWE D A. ThêoH and Allan deviation as power-law noise estimators [J]. IEEE Transactions on Ultrasonics, Ferroelectrics, and Frequency Control,2007(2):448-452.

[53] METWALLY I A. Status review on partial discharge measurement techniques in gas-insulated switchgear/lines[J]. Electric Power Systems Research, 2004(1):25-36.

[54] MISRA M. ,YUE H H,QIN S J,et al. Multivariate process monitoring and fault diagnosis by multi-scale PCA [J]. Computers and Chemical

Engineering,2002(9):1281-1293.

[55] MURTY Y,SMOLINSKI W J. A Kalman filter based digital percentage differential and ground fault relay for a 3-phase power transformer[J]. IEEE Transactions on Power Delivery,1990(3):1299-1308.

[56] NAMDARI M,JAZAYERI-RAD H. Incipient fault diagnosis using support vector machines based on monitoring continuous decision functions[J]. Engineering Applications of Artificial Intelligence,2014:22-35.

[57] NASERI F, KAZEMI Z, AREFI M M, et al. Fast discrimination of transformer magnetizing current from internal faults: An extended Kalman filter-based approach[J]. IEEE Transactions on Power Delivery, 2017 (1):110-118.

[58] NETO A M,VICTORINO A C,FANTONI I,et al. Real-time Dynamic Power Management Based on Pearson's Correlation Coefficient[C]. 15th International Conference on Advanced Robotics,2011:304-309.

[59] PENG Z K,PETER W T,CHU F L. A comparison study of improved Hilbert-Huang transform and wavelet transform:Application to fault diagnosis for rolling bearing[J]. Mechanical Systems and Signal Processing,2005(5): 974-988.

[60] PHAM H T,YANG B S. Estimation and forecasting of machine health condition using ARMA/GARCH model[J]. Mechanical Systems and Signal Processing,2010(2):546-558.

[61] PINCUS S M. Approximate entropy as a measure of system complexity [J]. Proceedings of the National Academy of Sciences,1991(6):2297-2301.

[62] PODOBNIK B,STANLEY H E. Detrended cross-correlation analysis:A new method for analyzing two nonstationary time series[J]. Physical Review Letters,2008(8):084102.

[63] REDELICO F O,TRAVERSARO F,GARCÍA M D C,et al. Classification of normal and pre-ictal eeg signals using permutation entropies and a

generalized linear model as a classifier[J]. Entropy,2017(2):72.

[64] RICHMAN J S,MOORMAN J R. Physiological time-series analysis using approximate entropy and sample entropy[J]. American Journal of Physiology-Heart and Circulatory Physiology,2000(6):2039-2049.

[65] SAMMAKNEJAD N, HUANG B, LU Y. Robust diagnosis of operating mode based on time-varying hidden Markov models[J]. IEEE Transactions on Industrial Electronics,2015(2):1142-1152.

[66] SHALEV-SHWARTZ S. Online learning and online convex optimization [J]. Foundations and trends in Machine Learning,2011(2):107-194.

[67] SON J,ZHOU Q,ZHOU S,et al. Evaluation and comparison of mixed effects model-based prognosis for hard failure[J]. IEEE Transactions on Reliability,2013(2):379-394.

[68] SONG H,DAI J,LUO L,et al. Power transformer operating state prediction method based on an LSTM network[J]. Energies,2018 (4):914.

[69] SOTIROPOULOS F, ALEFRAGIS P, HOUSOS E. A Hidden Markov Models Tool for Estimating the Deterioration Level of A Power Transformer [C]. IEEE Conference on Emerging Technologies and Factory Automation, 2007:784-787.

[70] SOUALHI A,CLERC G,RAZIK H,et al. Hidden Markov models for the prediction of impending faults [J]. IEEE Transactions on Industrial Electronics,2016(5):3271-3281.

[71] TAO W,XIAO W. Power transformer fault diagnosis based on modified pso-bp algorithm[J]. Electric Power,2009(5):13-16.

[72] TRIPATHY M. Power transformer differential protection using neural network principal component analysis and radial basis function neural network [J]. Simulation Modelling Practice and Theory, 2010 (5): 600-611.

[73] VAN DO L,ANH D T. Some Improvements for Time Series Subsequence

Join Based on Pearson Correlation Coefficients[C]. Proceedings of the Seventh Symposium on Information and Communication Technology, 2016:58-65.

[74] WANG S, YU J, LAPIRA E, et al. A modified support vector data description based novelty detection approach for machinery components [J]. Applied Soft Computing,2013(2):1193-1205.

[75] WANG T, YU J, SIEGEL D, et al. A Similarity-based Prognostics Approach for Remaining Useful Life Estimation of Engineered Systems [C]. International Conference on Prognostics and Health Management, 2008:1-6.

[76] WANG Y Y,ZHOU L W,LIANG X H,et al. Markov forecasting model of power transformer fault based on association rules analysis[J]. High Voltage Engineering,2018(4):1051-1058.

[77] WU Z,HUANG N E,LONG S R,et al. On the trend,detrending,and variability of nonlinear and nonstationary time series[J]. Proceedings of the National Academy of Sciences,2007(38):14889-14894.

[78] WU Z,HUANG N E. Ensemble empirical mode decomposition:A noise-assisted data analysis method[J]. Advances in Adaptive Data Analysis, 2009(1):1-41.

[79] YANG X, CHEN W, LI A, et al. BA-PNN-based methods for power transformer fault diagnosis[J]. Advanced Engineering Informatics,2019: 178-185.

[80] YIN S,GAO X,KARIMI H R,et al. Study on support vector machine-based fault detection in tennesseeeastman process [J]. Abstract and Applied Analysis,2014:1-7.

[81] YU I T,FUH C D. Estimation of time to hard failure distributions using a three-stage method[J]. IEEE Transactions on Reliability,2010(2):405-412.

[82] YU S,ZHAO D,CHEN W,et al. Oil-immersed power transformer internal fault diagnosis research based on probabilistic neural network [J]. Procedia Computer Science,2016:1327-1331.

[83] ZAIDI S H,AVIYENTE S,SALMAN M,et al. Prognosis of gear failures in DC starter motors using hidden Markov models[J]. IEEE Transactions on Industrial Electronics,2010(5):1695-1706.

[84] ZHANG D,LI W,XIONG X. Replacement strategy for aged transformers based on condition monitoring and system risk[J]. Automation Electronic Power Systems,2013(17):64-71.

[85] ZHANG S,BAI Y,WU G,et al. The Forecasting Model for Time Series of Transformer DGA Data Based on WNN-GNN-SVM Combined Algorithm [C]. 1st International Conference on Electrical Materials and Power Equipment,2017:292-295.

[86] ZHANG Y,DING X,LIU Y,et al. An artificial neural network approach to transformer fault diagnosis[J]. IEEE Transactions on Power Delivery, 1996(4):1836-1841.

[87] ZHAO X, SHANG P, HUANG J. Several fundamental properties of DCCA cross-correlation coefficient[J]. Fractals,2017(2):1750017.

[88] ZHENG R R,WU B C,ZHAO J Y. Prediction of power transformer fault based on auto regression model[J]. Advanced Materials Research,2011: 2230-2233.

[89] ZHOU J,HUA Z. A new tendency correlation coefficient for bivariate time series[J]. Rendiconti Lincei. Scienze Fisiche e Naturali,2021:1-13.

[90] ZHOU Q, SON J, ZHOU S, et al. Remaining useful life prediction of individual units subject to hard failure[J]. IIE Transactions, 2014(10): 1017-1030.

[91] 陈彬,韩超,刘阁.颗粒污染物对变压器油氧化安定性的影响[J].高电压技术,2017(8):2566-2573.

[92] 崔巍.发电机常见故障分析及预防措施[J].通信电源技术,2016(2): 170-171.

[93] 董磊,任章,李清东.基于模型和案例推理的混合故障诊断方法[J].系统工程与电子技术,2012(11):2339-2343.

[94] 董卓,朱永利,张宇,邵宇鹰.基于主成分分析和基因表达式程序设计的变压器故障诊断[J].电力系统保护与控制,2012(7):94-99.

[95] 范帅,柴旭东,李潭.定性定量故障诊断平台中的知识处理方法[J].计算机集成制造系统,2010(10):2166-2173.

[96] 高朝辉.220kV断路器控制回路绝缘故障的分析与处理[J].化工管理,2018(33):16-17.

[97] 葛亮.基于音频识别的电力设备局部放电在线监测[D].厦门理工学院,2019.

[98] 贡梓童.基于红外热像仪的电力系统在线监测研究[D].西安工程大学,2018.

[99] 何跃英,江荣汉.基于模糊理论的电力设备故障诊断专家系统[J].电工技术学报,1994(3):43-46.

[100] 胡文平.基于智能信息融合的电力设备故障诊断新技术研究[D].华中科技大学,2005.

[101] 孔嘉敏.电力基础设施运营效率提升路径研究[D].天津商业大学,2015.

[102] 蓝扬政.GIS高压断路器常见故障原因的分析与处理[J].科技资讯,2020(1):33-34.

[103] 李国强.北京市电力公司变电设备检修管理模式研究[D].华北电力大学,2011.

[104] 李乐熙.发电厂低压断路器故障的判断和处理[J].科技视界,2013(32):312.

[105] 李庆.输电线路三臂开合式智能巡检装置研究[D].武汉大学,2017.

[106] 李志云.变压器的运行故障及其诊断方法[J].现代工业经济和信息化,2019(9):118-119.

[107] 栗永江.输变电设备带电检测技术研究[D].华北电力大学,2014.

[108] 林渡,朱德恒,李福祺,谈克雄,王凤学.电力设备分布式监测系统软件结构研究[J].高电压技术,2001(3):4-6.

[109] 林土方,王泽波,郭才福,潘成峰,黄海,陈祥献.一种用于电力变压器状态监测的电-振动模型研究[J].电子测量与仪器学报,2014(5):507-513.

[110] 刘畅,高振国.变压器绝缘故障的影响因素及分析方法研究[J].江苏科技信息,2019(5):53-55.

[111] 刘娜,高文胜,谈克雄,梁国栋,王刘芳,李伟.大型电力变压器故障树的构建及分析[J].中国电力,2003(11):37-40.

[112] 龙凤,薛冬林,陈桂明,杨庆.基于粒子滤波与线性自回归的故障预测算法[J].计算机技术与发展,2011(11):133-136,140.

[113] 吕干云,程浩忠,董立新,翟海保.基于多级支持向量机分类器的电力变压器故障识别[J].电力系统及其自动化学报,2005(1):19-22,52.

[114] 马俊杰.无线传感网络研究及其在电力设备状态监测中的应用[D].青岛科技大学,2020.

[115] 孟悦.基于多维特征参数的设备预诊及维护决策方法研究[D].哈尔滨工业大学,2018.

[116] 聂鹏,赵学增,张彦,白景峰,赵学涛.高压电气设备绝缘在线监测系统的研制[J].东北电力学院学报,2000(1):49-52,59.

[117] 庞锴,工栋,王伟,张洋,姚伟,赵磊.电力变压器内绝缘故障检测技术分析[J].科学技术创新,2020(23):171-172.

[118] 邵光一.SF_6断路器故障分析及处理办法研究[J].电气技术与经济,2020(5):50-52.

[119] 施超.智能电网大数据相关应用问题研究[D].华南理工大学,2015.

[120] 石乐贤,李燕青,王洋,葛嫚,晋宏飞.基于ICA的变压器局部放电超声信号直达波分离研究[J].电测与仪表,2012(3):11-14.

[121] 束洪春,孙向飞,司大军.电力变压器故障诊断专家系统知识库建立和维护的粗糙集方法[J].中国电机工程学报,2002(2):32-36.

[122] 孙悦.化工设备巡检系统[J].计算机系统应用,2013(11):95-98,89.

[123] 唐勇波,桂卫华,彭涛,欧阳伟.PCA 和 KICA 特征提取的变压器故障诊断模型[J].高电压技术,2014(2):557-563.

[124] 唐勇波,欧阳伟.主元分析在变压器故障检测与识别中的应用[J].计算机应用与软件,2010,27(04):224-226,260.

[125] 王丹.图像识别技术在配网设备状态监测中的应用研究[D].华北电力大学(北京),2018.

[126] 王雷.智能电网调度技术支持系统的研究与应用[D].华北电力大学,2012.

[127] 韦远剑.变压器故障油色谱诊断技术研究[D].吉林大学,2017.

[128] 温丽娜.运检策略对电气设备维护成本的影响研究[D],浙江大学,2021.

[129] 吴功平,肖晓晖,郭应龙,胡基才.架空高压输电线自动爬行机器人的研制[J].中国机械工程,2006(3):237-240.

[130] 吴功平,肖晓晖,肖华,戴锦春,鲍务均,胡杰.架空高压输电线路巡线机器人样机研制[J].电力系统自动化,2006(13):90-93,107.

[131] 颜少伟.复杂配电网供电可靠性评估方法[D].广东工业大学,2015.

[132] 杨斌.220kV GIS 断路器拒分故障分析与解决办法[J].电子测试,2020(23):117-118.

[133] 杨国旺,王均华,杨淑英.故障树分析法在大型电力变压器故障研究中的应用[J].电网技术,2006(S2):367-371.

[134] 杨延东.基于机器学习理论的智能电网数据分析及算法研究[D].北京邮电大学,2020.

[135] 杨志淳,沈煜,杨帆,阮羚,乐健,毛涛.周期及路径综合优化的配电设备巡检策略[J].高电压技术,2020(4):1424-1433.

[136] 姚雪梅.多源数据融合的设备状态监测与智能诊断研究[D].贵州大学,2018.

[137] 俞鸿涛.基于数据的电力设备故障动态个性化诊断与预测方法研究[D].浙江大学,2021.

[138] 张炜,吕泽承,邓雨荣,陶松梅.局部放电在线监测与离线检测在 GIS 设备状态评价中的应用[J].南方电网技术,2013(4):39-42.

[139] 张小奇,朱永利,王芳.基于支持向量机的变压器油中溶解气体浓度预测[J].华北电力大学学报,2006(6):6-9.

[140] 张勇.基于油中溶解气体分析的变压器在线监测与故障诊断[D].华北电力大学,2014.

[141] 张执超.电力系统紧急状态下切负荷控制策略研究[D].华北电力大学,2014.

[142] 赵婉芳.电力变压器可靠性理论研究及其应用[D].浙江大学,2015.

[143] 钟圆美惠.基于带电检测技术的变压器和电缆故障诊断研究[D].南昌大学,2020.

[144] 周东华,胡艳艳.动态系统的故障诊断技术[J].自动化学报,2009(6):748-758.

[145] 周学斌.智能电网海量数据轻型化方法研究[D].武汉大学,2020.

附　录　有关理论结果的证明

1. 命题 5.1 的证明

(1)根据监督式方法、非监督式方法与组合方法故障诊断结果召回率 R_1，R_2 和 R_e 的定义，可得

$$R_e = \mathrm{Prob}(\overline{L} \geqslant L^N(t) \ \mathrm{or} \ L^F(t) \geqslant L^N(t) \,|\, C_n^Y(t) = -1),$$

$$R_1 = \mathrm{Prob}(L^F(t) \geqslant L^N(t) \,|\, C_n^Y(t) = -1),$$

$$R_2 = \mathrm{Prob}(\overline{L} \geqslant L^N(t) \,|\, C_n^Y(t) = -1)。$$

综上可得，$R_e \geqslant \max(R_1, R_2)$。

(2)根据组合方法故障诊断结果准确率 P_e 的定义，可得

$$P_e = \frac{\mathrm{Prob}(L^F(t) \geqslant L^N(t) \,|\, C_n^Y(t) = -1) + \mathrm{Prob}(L^F(t) < L^N(t) \leqslant \overline{L} \,|\, C_n^Y(t) = -1)}{\mathrm{Prob}(L^F(t) \geqslant L^N(t)) + \mathrm{Prob}(L^F(t) < L^N(t) \leqslant \overline{L})}。$$

记

$$a = \mathrm{Prob}(L^F(t) \geqslant L^N(t) \,|\, C_n^Y(t) = -1),$$

$$b = \mathrm{Prob}(L^F(t) \geqslant L^N(t)),$$

$$c = \mathrm{Prob}(L^F(t) \geqslant L^N(t)),$$

$$d = \mathrm{Prob}(L^F(t) < L^N(t) \leqslant \overline{L})。$$

根据上述 P_e 的计算公式可得

$$P_e = (a+b)/(c+d), \ P_1 = a/c, \ P_e - P_1 = (bc - ad)/(cd + c^2),$$

$$\mathrm{Prob}(C_n^Y(t)=-1\,|\,L^F(t)<L^N(t)\leqslant \overline{L})=b/d。$$

类似地,根据准确率 P_e 的定义可得

$$P_e=\frac{\mathrm{Prob}(\overline{L}\geqslant L^N(t)\,|\,C_n^Y(t)=-1)+\mathrm{Prob}(\overline{L}<L^N(t)\leqslant L^F(t)\,|\,C_n^Y(t)=-1)}{\mathrm{Prob}(\overline{L}\geqslant L^N(t))+\mathrm{Prob}(\overline{L}<L^N(t)\leqslant L^F(t))}。$$

记

$$e=\mathrm{Prob}(\overline{L}\geqslant L^N(t)\,|\,C_n^Y(t)=-1),$$

$$f=\mathrm{Prob}(\overline{L}<L^N(t)\leqslant L^F(t)\,|\,C_n^Y(t)=-1),$$

$$g=\mathrm{Prob}(\overline{L}\geqslant L^N(t)),$$

$$h=\mathrm{Prob}(\overline{L}<L^N(t)\leqslant L^F(t))。$$

则根据上述 P_e 的计算公式可得

$$P_e=(e+f)/(g+h),P_2=e/g,P_e-P_2=(fg-eh)/(gh+g^2),$$

$$\mathrm{Prob}(C_n^Y(t)=-1\,|\,L^F(t)<L^N(t)\leqslant \overline{L})=f/h。$$

因为准确率 P_1 和 P_2 均大于 0,所以 $c>0$ 且 $g>0$。

当 $\mathrm{Prob}(C_n^Y(t)=-1\,|\,L^F(t)<L^N(t)\leqslant \overline{L})\geqslant P_1$ 且 $\mathrm{Prob}(C_n^Y(t)=-1\,|\,\overline{L}<L^N(t)\leqslant L^F(t))\geqslant P_2$ 时,可得 $b/d\geqslant a/c$ 且 $f/h\geqslant e/g$。因为 $c>0$ 且 $g>0$,则有 $bc-ad\geqslant0$ 且 $fg-eh\geqslant0$,即 $P_e\geqslant\max(P_1,P_2)$。

当 $P_e\geqslant\max(P_1,P_2)$ 时,可得 $bc-ad\geqslant0$ 且 $fg-eh\geqslant0$,从而有 $\mathrm{Prob}(C_n^Y(t)=-1\,|\,L^F(t)<L^N(t)\leqslant \overline{L})\geqslant P_1$ 且 $\mathrm{Prob}(C_n^Y(t)=-1\,|\,\overline{L}<L^N(t)\leqslant L^F(t))\geqslant P_2$。

综上所述,当且仅当 $\mathrm{Prob}(C_n^Y(t)=-1\,|\,L^F(t)<L^N(t)\leqslant \overline{L})\geqslant P_1$ 且 $\mathrm{Prob}(C_n^Y(t)=-1\,|\,\overline{L}<L^N(t)\leqslant L^F(t))\geqslant P_2$ 时,$P_e\geqslant\max(P_1,P_2)$。

2. 命题 5.2 的证明

根据参数 θ_α 和 θ_β 的定义可得

$$\theta_\alpha=\frac{\mathrm{Prob}(\Omega_1)}{\mathrm{Prob}(\Omega_1)+\mathrm{Prob}(\Omega_2\cap\bar{\Omega}_1)}=1/\left[1+\frac{\mathrm{Prob}(\Omega_2\cap\bar{\Omega}_1)}{\mathrm{Prob}(\Omega_1)}\right],$$

$$\theta_\beta=\frac{\mathrm{Prob}(\Omega_2)}{\mathrm{Prob}(\Omega_2)+\mathrm{Prob}(\Omega_1\cap\bar{\Omega}_2)}=1/\left[1+\frac{\mathrm{Prob}(\Omega_1\cap\bar{\Omega}_2)}{\mathrm{Prob}(\Omega_2)}\right],$$

其中，$\bar{\Omega}_1$ 和 $\bar{\Omega}_2$ 分布代表集合 Ω_1、Ω_2 的补集。

根据集合 Ω_1 和 Ω_2 的定义，可以得到当个性化参数 $\alpha_n(t)$ 增大且 $\beta_n(t)$ 减小时，概率 $\mathrm{Prob}(\Omega_1)$ 将减小且 $\mathrm{Prob}(\Omega_2)$ 将增大，此时概率 $\mathrm{Prob}(\Omega_2 \bigcap \bar{\Omega}_1)$ 不会增大且概率 $\mathrm{Prob}(\Omega_1 \bigcap \bar{\Omega}_2)$ 不会减小，从而有 θ_α 增大且 θ_β 减小。综上所述：$\theta_\alpha(t)$ 随着 $\alpha_n(t)$ 的减小和 $\beta_n(t)$ 的增大而增大，随着 $\alpha_n(t)$ 的增大和 $\beta_n(t)$ 的减小而减小；$\theta_\beta(t)$ 随着 $\alpha_n(t)$ 的增大和 $\beta_n(t)$ 的减小而增大，随着 $\alpha_n(t)$ 的减小和 $\beta_n(t)$ 增大而减小。

3. 命题 5.3 的证明

在 $C_n^Y(t)=1$ 的情况下，当 $L^N(t)+\alpha_n(t)-L^F(t)\geqslant 0$ 或 $L^N(t)+\beta_n(t)-\bar{L}\geqslant 0$ 时，可以直接得到式（5-12）的最优解，即 $\alpha_n(t)=\alpha_n(t+1)$ 或 $\beta_n(t)=\beta_n(t+1)$。当 $L^N(t)+\alpha_n(t)-L^F(t)<0$ 且 $L^N(t)+\beta_n(t)-\bar{L}<0$ 时，其拉格朗日函数为

$$\mathcal{L}(r_1,r_2)=[\alpha_n(t+1)-\alpha_n(t)]^2/2+[\beta_n(t+1)-\beta_n(t)]^2/2+$$
$$r_1[L^F(t)-L^N(t)-\alpha_n(t+1)]+r_2[\bar{L}-L^N(t)-\beta_n(t+1)]。$$

对其求一阶导数可得

$$\nabla_{\alpha_n(t+1)}\mathcal{L}=\alpha_n(t+1)-\alpha_n(t)-r_1，$$
$$\nabla_{\beta_n(t+1)}\mathcal{L}=\beta_n(t+1)-\beta_n(t)-r_2。$$

另一阶导数为零，则有

$$\alpha_n(t+1)=\alpha_n(t)+r_1，$$
$$\beta_n(t+1)=\beta_n(t)+r_2。$$

将 $\alpha_n(t+1)$ 和 $\beta_n(t+1)$ 的表达式代入拉格朗日方程，可得

$$\mathcal{L}(r_1,r_2)=(r_1^2+r_2^2)/2+r_1[L^F(t)-L^N(t)-\alpha_n(t)-r_1]+$$
$$r_2[\bar{L}-L^N(t)-\beta_n(t)-r_2]。$$

对其求一阶导数可得

$$\nabla_{r_1}\mathcal{L}=r_1-2r_1+L^F(t)-L^N(t)-\alpha_n(t)，$$
$$\nabla_{r_2}\mathcal{L}=r_2-2r_2+\bar{L}-L^N(t)-\beta_n(t)。$$

另一阶导数为零,则有

$$r_1 = L^F(t) - L^N(t) - \alpha_n(t),$$

$$r_2 = \bar{L} - L^N(t) - \beta_n(t).$$

当 $C_n^Y(t) = 1$ 时,$L^N(t) + \alpha_n(t) - L^F(t) < 0$ 且 $L^N(t) + \beta_n(t) - \bar{L} < 0$,此时 $e_1(t) = L^F(t) - \alpha_n(t) - L^N(t)$ 且 $e_2(t) = \bar{L} - \alpha_n(t) - L^N(t)$。因此当 $C_n^Y(t) = 1$ 时,可得

$$\alpha_n(t+1) = \alpha_n(t) + e_1(t),$$

$$\beta_n(t+1) = \beta_n(t) + e_2(t).$$

类似地,对于 $C_n^Y(t) = -1$ 的情况,可以证明

$$\begin{cases} \alpha_n(t+1) = \alpha_n(t) - e_1(t), & e_1(t) < e_2(t); \\ \alpha_n(t+1) = \alpha_n(t), & \text{否则}. \end{cases}$$

$$\begin{cases} \beta_n(t+1) = \beta_n(t) - e_2(t), & e_1(t) \geq e_2(t); \\ \beta_n(t+1) = \beta_n(t), & \text{否则}. \end{cases}$$

综上所述,给定测试样本 $D_n(t)$,个性化参数 $\alpha_n(t)$ 和 $\beta_n(t)$ 的更新方程为:

$$\begin{cases} \alpha_n(t+1) = \alpha_n(t) + \lambda_1 e_1(t), \\ \beta_n(t+1) = \beta_n(t) + \lambda_2 e_2(t). \end{cases}$$

其中,

$$\lambda_1 = \begin{cases} -1, & C_n^Y(t) = -1 \text{ 且 } e_1(t) < e_2(t); \\ 0, & C_n^Y(t) = -1 \text{ 且 } e_1(t) \geq e_2(t); \\ 1, & C_n^Y(t) = 1. \end{cases}$$

$$\lambda_2 = \begin{cases} -1, & C_n^Y(t) = -1 \text{ 且 } e_1(t) \geq e_2(t); \\ 0, & C_n^Y(t) = -1 \text{ 且 } e_1(t) < e_2(t); \\ 1, & C_n^Y(t) = 1. \end{cases}$$

4. 命题 5.4 的证明

给定非监督式方法的诊断误差 $e_2(t)$，假设当监督式方法的诊断误差从 $e_1(t)$ 改变至 $e'_1(t)$ 时 $[e_1(t) < e_2(t) < e'_1(t)]$，参数 $\theta_a(t+1)$ 将改变至 $\theta_a'(t+1)$，参数 $\theta_\beta(t+1)$ 将改变至 $\theta_\beta'(t+1)$，根据个性化决策参数 $\alpha_n(t+1)$ 和 $\beta_n(t+1)$ 的定义，当 $C_n^Y(t) = 1$ 时，可得

$$\begin{cases} \alpha_n(t+1) = \alpha_n(t) + e_1(t), \\ \beta_n(t+1) = \beta_n(t) + e_2(t)。 \end{cases}$$

$$\begin{cases} \alpha_n'(t+1) = \alpha_n(t) + e_1'(t), \\ \beta_n'(t+1) = \beta_n(t) + e_2(t)。 \end{cases}$$

当 $C_n^Y(t) = -1$ 时，则有

$$\begin{cases} \alpha_n(t+1) = \alpha_n(t) - e_1(t), \\ \beta_n(t+1) = \beta_n(t)。 \end{cases}$$

$$\begin{cases} \alpha_n'(t+1) = \alpha_n(t), \\ \beta_n'(t+1) = \beta_n(t) - e_2(t)。 \end{cases}$$

因为 $e_1(t)$、$e'_1(t)$ 和 $e_2(t)$ 均大于 0，可以得到 $\alpha_n(t+1) < \alpha_n'(t+1)$ 且 $\beta_n(t+1) \geqslant \beta_n'(t+1)$。根据命题 5.2，则有 $\theta_a(t+1) > \theta_a'(t+1)$ 且 $\theta_\beta(t+1) < \theta_\beta'(t+1)$，即当监督式决策的误差 $e_1(t)$ 从小于 $e_2(t)$ 增加到大于 $e_2(t)$ 时，$\theta_a(t+1)$ 增大，$\theta_\beta(t+1)$ 减小。

类似地，可以证明当非监督式决策的误差 $e_2(t)$ 从小于 $e_1(t)$ 增加到大于 $e_1(t)$ 时，$\theta_a(t+1)$ 减小，$\theta_\beta(t+1)$ 增大。

5. 命题 5.5 的证明

在 $C_n^Y(t) = -1$ 的情况下，当 $L^N(t) + \alpha_n(t) - L^F(t) \geqslant 0$ 且 $L^N(t) + \beta_n(t) - \overline{L} \geqslant 0$ 时，可以得到

$$e_1(t) = L^N(t) + \alpha_n(t) - L^F(t),$$

$$e_2(t) = L^N(t) + \beta_n(t) - \overline{L},$$

$$e(t) = \min\{e_1(t), e_2(t)\}。$$

当 $L^N(t) + \alpha_n(t) - L^F(t) < 0 \ \text{or} \ L^N(t) + \beta_n(t) - \bar{L} < 0$ 时,可以得到

$$\min\{L^N(t) + \alpha_n(t) - L^F(t), L^N(t) + \beta_n(t) - \bar{L}\} < 0,$$

$$e(t) = \min\{e_1(t), e_2(t)\} = 0.$$

综上所述,当 $C_n^Y(t) = -1$ 时,$e(t) = \min\{e_1(t), e_2(t)\}$ 且 $e(t)^2 = \min\{e_1(t)^2, e_2(t)^2\}$。

类似地,可以证明当 $C_n^Y(t) = 1$ 时,$e(t) = \max\{e_1(t), e_2(t)\}$ 且 $e(t) = \max\{e_1(t)^2, e_2(t)^2\}$。综合上述情况可得

$$\begin{cases} \sum\limits_{t=T+1}^{\Gamma} e(t)^2 = \sum\limits_{t=T+1}^{\Gamma} \max\{e_1(t)^2, e_2(t)^2\}, & C_n^Y(t) = 1, t = T+1, T+2, \cdots, \Gamma; \\ \sum\limits_{t=T+1}^{\Gamma} e(t)^2 = \sum\limits_{t=T+1}^{\Gamma} \min\{e_1(t)^2, e_2(t)^2\}, & C_n^Y(t) = -1, t = T+1, T+2, \cdots, \Gamma. \end{cases}$$

因为个性化参数 $\alpha_n(t)$ 和 $\beta_n(t)$ 的初始值 $\alpha_n(T+1)$、$\beta_n(T+1)$ 均为 0,所以

$$\sum_{t=T+1}^{\Gamma} [\alpha_n(t) - \alpha^*]^2 - [\alpha_n(t+1) - \alpha^*]^2 + [\beta_n(t) - \beta^*]^2 - [\beta_n(t+1) - \beta^*]^2$$

$$= [\alpha_n(T+1) - \alpha^*]^2 + [\beta_n(T+1) - \beta^*]^2 - [\alpha_n(\Gamma) - \alpha^*]^2 -$$

$$[\beta_n(\Gamma) - \beta^*]^2 \leqslant (\alpha^*)^2 + (\beta^*)^2.$$

将命题 5.3 中 $\alpha_n(t)$ 和 $\beta_n(t)$ 的更新方程代入上述不等式中,可得

$$[\alpha_n(t) - \alpha^*]^2 - [\alpha_n(t+1) - \alpha^*]^2 + [\beta_n(t) - \beta^*]^2 - [\beta_n(t+1) - \beta^*]^2$$

$$= [\alpha_n(t) - \alpha^*]^2 - [\alpha_n(t) + \lambda_1 e_1(t) - \alpha^*]^2 + [\beta_n(t) - \beta^*]^2 -$$

$$[\beta_n(t) + \lambda_2 e_2(t) - \beta^*]^2$$

$$= -2\lambda_1 e_1(t)[\alpha_n(t) - \alpha^*] - \lambda_1^2 e_1^2(t) - 2\lambda_2 e_2(t)[\beta_n(t) - \beta^*] - \lambda_2^2 e_2^2(t).$$

当 $C_n^Y(t) = 1$ 时,可以得到

$$e_1(t)[\alpha_n(t) - \alpha^*] = e_1(t)\{[L^F(t) - L^N(t) - \alpha^*] - [L^F(t) - L^N(t) - \alpha_n(t)]\}$$

$$e_2(t)[\beta_n(t) - \beta^*] = e_2(t)\{[\bar{L} - L^N(t) - \beta^*] - [\bar{L} - L^N(t) - \beta_n(t)]\}.$$

可以看出,当 $C_n^Y(t) = 1$ 时,α^* 和 β^* 满足条件 $L^F(t) - L^N(t) - \alpha^* \leqslant 0$ 与 $\bar{L} - L^N(t) - \beta^* \leqslant 0$。根据监督式方法与非监督方法损失函数的定义

$$e_1(t) = \begin{cases} 0, & C_n^Y(t)[(L^F(t) - L^N(t) - \alpha_n(t)] \leqslant 0; \\ C_n^Y(t)[L^F(t) - L^N(t) - \alpha_n(t)], & \text{否则}. \end{cases}$$

$$e_2(t) = \begin{cases} 0, & C_n^Y(t)[\bar{L} - L^N(t) - \beta_n(t)] \leqslant 0; \\ C_n^Y(t)[\bar{L} - L^N(t) - \beta_n(t)], & \text{否则}. \end{cases}$$

可以得到

$$e_1(t)[\alpha_n(t)-\alpha^*]\leqslant -e_1(t)[L^F(t)-L^N(t)-\alpha_n(t)]=-e_1(t)^2,$$

$$e_2(t)[\beta_n(t)-\beta^*]\leqslant -e_2(t)\cdot C_n^Y(t)\cdot [\overline{L}-L^N(t)-\beta_n(t)]=-e_2(t)^2。$$

因为,当 $C_n^Y(t)=1$ 时,$\lambda_1=\lambda_2=1$,所以

$$-2\lambda_1 e_1(t)[\alpha_n(t)-\alpha^*]-\lambda_1^2 e_1^2(t)-2\lambda_2 e_2(t)[\beta_n(t)-\beta^*]-\lambda_2^2 e_2^2(t)\geqslant e_1^2(t)+e_2^2(t)。$$

类似地,当 $C_n^Y(t)=-1$ 时,可以证明

$$-2\lambda_1 e_1(t)[\alpha_n(t)-\alpha^*]-\lambda_1^2 e_1^2(t)-2\lambda_2 e_2(t)[\beta_n(t)-\beta^*]-\lambda_2^2 e_2^2(t)\geqslant e_1^2(t)+e_2^2(t)。$$

当 $C_n^Y(t)=1$ 时,$e(t)=\max\{e_1(t),e_2(t)\}$;当 $C_n^Y(t)=-1$ 时,$e(t)=\min\{e_1(t),e_2(t)\}$。因此有

$$\sum_{t=T+1}^{\Gamma}e(t)^2\leqslant \sum_{t=T+1}^{\Gamma}[e_1(t)^2+e_2(t)^2]\leqslant (\alpha^*)^2+(\beta^*)^2。$$